教育部高等学校电子信息类专业教学指导委员会规划教材
高等学校电子信息类专业系列教材

嵌入式系统设计实验教程

曹喜信　郭　建　陈　刚　主编
刘锦辉　江先阳　谢国琪　谢　勇　陈　勉　副主编

清华大学出版社
北京

内 容 简 介

"嵌入式系统设计"是嵌入式方向的专业基础理论课,而实验实践是加强基础理论学习的必要手段。本书以基于 ARM Cortex-M4 芯核的典型芯片为例,介绍嵌入式系统设计中典型的、涉及常规外设的基础实验和综合性实验。全书共 14 个实验,包括嵌入式系统开发环境部署、汇编指令、C 语言、GPIO 输入/输出、外部中断、定时器、呼吸灯与 PWM 控制、USART 通信、I^2C 通信、实时时钟 RTC 驱动、实时操作系统移植等 13 个基础实验,以及 1 个综合实验,包括实验目的、实验设备、实验内容、实验预习、实验原理、实验步骤、实验参考程序、实验总结和思考题等内容。

本书是《嵌入式系统设计基础及应用——基于 ARM Cortex-M4 微处理器》的配套实验教材,可作为高等院校软件工程、计算机、电子信息和电气工程、自动化、物联网等相关专业本科生相关理论课程的实践配套教材,也可作为广大从事嵌入式系统开发的工程技术人员实践学习的参考用书。

本书封面贴有清华大学出版社防伪标签,无标签者不得销售。
版权所有,侵权必究。举报: 010-62782989,beiqinquan@tup.tsinghua.edu.cn。

图书在版编目(CIP)数据

嵌入式系统设计实验教程/曹喜信,郭建,陈刚主编. —北京: 清华大学出版社,2022.4(2024.1重印)
高等学校电子信息类专业系列教材
ISBN 978-7-302-59385-0

Ⅰ. ①嵌… Ⅱ. ①曹… ②郭… ③陈… Ⅲ. ①微型计算机-系统设计-实验-高等学校-教材 Ⅳ. ①TP360.21-33

中国版本图书馆 CIP 数据核字(2021)第 211604 号

责任编辑: 刘 星 李 晔
封面设计: 刘 键
责任校对: 郝美丽
责任印制: 曹婉颖

出版发行: 清华大学出版社
　　　　网　　址: https://www.tup.com.cn, https://www.wqxuetang.com
　　　　地　　址: 北京清华大学学研大厦 A 座　　邮　　编: 100084
　　　　社 总 机: 010-83470000　　邮　　购: 010-62786544
　　　　投稿与读者服务: 010-62776969,c-service@tup.tsinghua.edu.cn
　　　　质量反馈: 010-62772015,zhiliang@tup.tsinghua.edu.cn
　　　　课件下载: https://www.tup.com.cn,010-83470236
印 装 者: 三河市龙大印装有限公司
经　　销: 全国新华书店
开　　本: 185mm×260mm　　印　张: 13　　字　数: 320 千字
版　　次: 2022 年 5 月第 1 版　　　　　　　 印　次: 2024 年 1 月第 3 次印刷
印　　数: 1501~2100
定　　价: 49.00 元

产品编号: 079888-01

前言
PREFACE

"嵌入式系统设计"是大学嵌入式方向的专业基础课,与之相对应的实践环节是帮助学生理解相关理论的必要手段之一。为了提高学生的动手、分析与解决问题的能力,使理论与实际工程实践和应用紧密结合,并提升学生(读者,特别是初学者)探究的兴趣。本书是《嵌入式系统设计基础及应用——基于 ARM Cortex-M4 微处理器》的配套实验教材,同时,本书也可以单独作为"嵌入式系统设计"课程的实验教材使用。

本书详细介绍了嵌入式系统开发中基于 ARM Cortex-M4 芯核的芯片的常规外设实验,包括 GPIO、中断机制、定时器、UART、PWM、I^2C、时钟等。基础实验的内容包括基本原理、实验硬件设备的搭建、软件开发过程、实验的步骤等,综合实验介绍了一个嵌入式最小系统的开发设计。

本书的 14 个实验都在基于 ARM Cortex-M4(集成在 STM32F429IGT6 中)的开发板上调试通过。书中采用循序渐进、深入浅出的叙述方式,引导读者通过阅读硬件手册、学习硬件配置的修改、调试开发板等,完成实验的搭建、代码的编写、代码的下载以及程序在开发板上的运行调试,掌握基于 ARM Cortex-M4 的常规外设开发,从而提升嵌入式系统开发和设计的能力。

本书工程文件和实验大纲可扫描此处二维码下载。

配套资源

本书由北京大学曹喜信、郭建、陈刚主编,北京大学、东北大学、华东师范大学、西安电子科技大学、武汉大学、湖南大学和南京邮电大学相关一线教师共同编写,华东师范大学郭建统稿。北京大学林金龙教授在本书的编写过程中,提出了许多宝贵的修改意见,在此表示衷心的感谢。感谢清华大学出版社编辑多次给出的编撰意见,使得本书能够顺利完成。感谢华东师范大学软件工程学院的董星河、王子健在实验整理、校对过程中付出的辛勤劳动。

非常感谢 CCF 嵌入式系统专家委员会对编写本书的支持。本书受到华东师范大学精品教材建设专项基金项目的资助,在此一并感谢。

出好书是作者追求的目标,但由于水平所限,尽管做了很大努力,书中可能还会有若干不妥甚至错误,望广大读者给予批评指正。

《嵌入式系统设计实验教程》编写组

2022 年 2 月

目录
CONTENTS

实验1 嵌入式系统开发环境部署 ·· 1
  1.1 实验目的 ··· 1
  1.2 实验设备 ··· 1
  1.3 实验内容 ··· 1
  1.4 实验预习 ··· 1
  1.5 实验原理 ··· 2
  1.6 实验步骤 ··· 3
    1.6.1 Keil 开发工具安装方法 ··· 3
    1.6.2 项目工程建立 ··· 6
    1.6.3 Keil MDK 调试工具 ··· 11
    1.6.4 Keil 使用注意事项 ·· 14
  1.7 实验总结 ··· 15
  1.8 思考题 ··· 15

实验2 汇编指令实验 ··· 16
  2.1 实验目的 ··· 16
  2.2 实验设备 ··· 16
  2.3 实验内容 ··· 16
    2.3.1 实验题目 ··· 16
    2.3.2 实验描述 ··· 17
  2.4 实验预习 ··· 17
  2.5 实验原理 ··· 17
    2.5.1 软件开发环境 ··· 17
    2.5.2 ARM Cortex-M4 编程模型 ·· 17
    2.5.3 存储器系统 ··· 20
    2.5.4 指令格式 ··· 20
  2.6 实验步骤 ··· 21
    2.6.1 工程文件 ··· 21
    2.6.2 创建工程 ··· 21

		2.6.3 创建文件 ········· 22
		2.6.4 配置参数 ········· 22
		2.6.5 编译 ········· 23
		2.6.6 运行及调试 ········· 24
	2.7	实验参考程序 ········· 27
	2.8	实验总结 ········· 27
	2.9	思考题 ········· 27

实验 3 C 语言实验 ········· 28

3.1	实验目的 ········· 28
3.2	实验设备 ········· 28
3.3	实验内容 ········· 28
3.4	实验预习 ········· 28
3.5	实验原理 ········· 28
3.6	实验步骤 ········· 29
	3.6.1 创建工程 ········· 29
	3.6.2 修改配置 ········· 29
	3.6.3 跟踪变量 ········· 31
3.7	实验参考程序 ········· 35
3.8	实验总结 ········· 35
3.9	思考题 ········· 35

实验 4 GPIO 设备编程—输出实验（寄存器点亮 LED 灯） ········· 36

4.1	实验目的 ········· 36
4.2	实验设备 ········· 36
4.3	实验内容 ········· 36
4.4	实验预习 ········· 37
4.5	实验原理 ········· 37
	4.5.1 GPIO 寄存器 ········· 37
	4.5.2 寄存器映射 ········· 38
4.6	实验步骤 ········· 39
	4.6.1 硬件连接 ········· 39
	4.6.2 实验讲解 ········· 39
	4.6.3 创建工程 ········· 42
	4.6.4 编译并点亮 LED ········· 49
4.7	实验参考程序 ········· 50
4.8	实验总结 ········· 50
4.9	思考题 ········· 50

实验 5　GPIO 设备编程—输出实验（固态库点亮 LED 灯）……………… 51

    5.1　实验目的 …………………………………………………………………… 51

    5.2　实验设备 …………………………………………………………………… 51

    5.3　实验内容 …………………………………………………………………… 51

    5.4　实验预习 …………………………………………………………………… 52

    5.5　实验原理 …………………………………………………………………… 52

        5.5.1　GPIO 寄存器的数据结构 …………………………………………… 52

        5.5.2　GPIO 初始化 ………………………………………………………… 53

    5.6　实验步骤 …………………………………………………………………… 55

        5.6.1　硬件连接 ……………………………………………………………… 55

        5.6.2　实验讲解 ……………………………………………………………… 55

        5.6.3　创建工程 ……………………………………………………………… 57

    5.7　实验参考程序 ……………………………………………………………… 62

        5.7.1　led 文件夹 …………………………………………………………… 62

        5.7.2　main.c ………………………………………………………………… 63

    5.8　实验总结 …………………………………………………………………… 64

    5.9　思考题 ……………………………………………………………………… 64

实验 6　GPIO 设备编程—输入实验 ……………………………………………… 65

    6.1　实验目的 …………………………………………………………………… 65

    6.2　实验设备 …………………………………………………………………… 65

    6.3　实验内容 …………………………………………………………………… 65

    6.4　实验预习 …………………………………………………………………… 66

    6.5　实验原理 …………………………………………………………………… 66

        6.5.1　GPIO 配置寄存器的设置 …………………………………………… 66

        6.5.2　GPIO 初始化 ………………………………………………………… 66

    6.6　实验步骤 …………………………………………………………………… 67

        6.6.1　硬件连接 ……………………………………………………………… 67

        6.6.2　实验讲解 ……………………………………………………………… 67

        6.6.3　创建工程 ……………………………………………………………… 69

    6.7　实验参考程序 ……………………………………………………………… 70

    6.8　实验总结 …………………………………………………………………… 73

    6.9　思考题 ……………………………………………………………………… 73

实验 7　外部中断实验 …………………………………………………………… 74

    7.1　实验目的 …………………………………………………………………… 74

    7.2　实验设备 …………………………………………………………………… 74

    7.3　实验内容 …………………………………………………………………… 74

7.3.1 实验题目 …… 74
7.3.2 实验描述 …… 75
7.4 实验预习 …… 75
7.5 实验原理 …… 75
7.5.1 外部中断的原理 …… 75
7.5.2 外部中断编程的基本方法 …… 76
7.6 实验步骤 …… 79
7.6.1 硬件连接 …… 79
7.6.2 实验讲解 …… 79
7.6.3 创建工程 …… 81
7.7 实验参考程序 …… 82
7.8 实验总结 …… 85
7.9 思考题 …… 85

实验 8　定时器实验 …… 86

8.1 实验目的 …… 86
8.2 实验设备 …… 86
8.3 实验内容 …… 86
8.3.1 实验题目 …… 86
8.3.2 实验描述 …… 86
8.4 实验预习 …… 87
8.5 实验原理 …… 87
8.5.1 定时器简介 …… 87
8.5.2 数据结构介绍 …… 89
8.6 实验步骤 …… 89
8.6.1 硬件连接 …… 89
8.6.2 实验讲解 …… 90
8.6.3 创建工程 …… 92
8.7 实验参考程序 …… 93
8.8 实验总结 …… 95
8.9 思考题 …… 95

实验 9　呼吸灯与 PWM 控制实验 …… 96

9.1 实验目的 …… 96
9.2 实验设备 …… 96
9.3 实验内容 …… 96
9.3.1 实验题目 …… 96
9.3.2 实验描述 …… 97
9.4 实验预习 …… 97

9.5 实验原理 ··· 97
    9.5.1 通用定时器简介 ··· 97
    9.5.2 PWM 简介 ·· 99
9.6 实验步骤 ··· 101
    9.6.1 硬件连接 ·· 101
    9.6.2 实验讲解 ·· 101
    9.6.3 创建工程 ·· 107
9.7 实验参考程序 ·· 108
9.8 实验总结 ··· 112
9.9 思考题 ·· 112

实验 10 USART 通信实验 ··· 113

10.1 实验目的 ··· 113
10.2 实验设备 ··· 113
10.3 实验内容 ··· 113
10.4 实验预习 ··· 113
10.5 实验原理 ··· 114
    10.5.1 USART 及其通信方式 ······································ 114
    10.5.2 STM32F4 的 USART 功能介绍 ···························· 115
    10.5.3 串口通信硬件与实现方法 ··································· 117
10.6 实验步骤 ··· 117
    10.6.1 硬件连接 ·· 117
    10.6.2 实验讲解 ·· 118
    10.6.3 串口调试助手 ·· 122
    10.6.4 创建工程 ·· 123
10.7 实验参考程序 ··· 125
10.8 实验总结 ··· 129
10.9 思考题 ·· 129

实验 11 I^2C 通信实验 ··· 130

11.1 实验目的 ··· 130
11.2 实验设备 ··· 130
11.3 实验内容 ··· 130
11.4 实验预习 ··· 130
11.5 实验原理 ··· 131
    11.5.1 I^2C 通信介绍 ··· 131
    11.5.2 STM32F4 的 I^2C 接口框图 ······························· 131
    11.5.3 I^2C 总线的信号类型及其实现方法 ······················ 132
    11.5.4 I^2C 的工作模式 ··· 133

    11.5.5 I^{2}C 接口芯片 AT24C02 介绍 ·· 135
    11.5.6 I^{2}C 读写流程小结 ·· 136
  11.6 实验步骤 ··· 136
    11.6.1 硬件连接 ··· 136
    11.6.2 实验讲解 ··· 137
    11.6.3 串口调试助手 ··· 144
    11.6.4 创建工程 ··· 144
  11.7 实验参考程序 ··· 146
  11.8 实验总结 ··· 152
  11.9 思考题 ··· 152

实验 12 实时时钟 RTC 部件 ·· 153

  12.1 实验目的 ··· 153
  12.2 实验设备 ··· 153
  12.3 实验内容 ··· 153
  12.4 实验预习 ··· 153
  12.5 实验原理 ··· 154
    12.5.1 时钟 ··· 154
    12.5.2 周期性自动唤醒 ··· 154
    12.5.3 RTC 中断 ·· 155
    12.5.4 RTC 日历时间和日期寄存器 ··· 155
    12.5.5 初始化 ··· 156
  12.6 实验步骤 ··· 157
    12.6.1 硬件连接 ··· 157
    12.6.2 实验讲解 ··· 157
    12.6.3 串口调试助手 ··· 161
    12.6.4 创建工程 ··· 161
  12.7 实验参考程序 ··· 163
  12.8 实验总结 ··· 167
  12.9 思考题 ··· 167

实验 13 实时操作系统内核移植与编译实验 ··· 168

  13.1 实验目的 ··· 168
  13.2 实验设备 ··· 168
  13.3 实验内容 ··· 168
  13.4 实验预习 ··· 168
  13.5 实验原理 ··· 169
  13.6 实验步骤 ··· 170
    13.6.1 μC/OS-Ⅲ下载 ·· 170

13.6.2　μC/OS-Ⅲ源代码文件结构 ……………………………………… 170
　　　13.6.3　文件复制 ……………………………………………………… 171
　　　13.6.4　添加到工程中 ………………………………………………… 172
　　　13.6.5　修改参数 ……………………………………………………… 172
　　　13.6.6　修改文档 ……………………………………………………… 172
　13.7　实验总结 ………………………………………………………………… 173
　13.8　思考题 …………………………………………………………………… 174

实验14　综合实验：最小系统的实验 ………………………………………… 175

　14.1　实验目的 ………………………………………………………………… 175
　14.2　实验设备 ………………………………………………………………… 175
　14.3　实验内容 ………………………………………………………………… 175
　　　14.3.1　实验题目 ……………………………………………………… 175
　　　14.3.2　实验描述 ……………………………………………………… 175
　14.4　实验预习 ………………………………………………………………… 176
　14.5　实验原理 ………………………………………………………………… 176
　　　14.5.1　最小系统介绍 ………………………………………………… 176
　　　14.5.2　循环缓冲区 …………………………………………………… 176
　14.6　实验步骤 ………………………………………………………………… 180
　　　14.6.1　硬件连接 ……………………………………………………… 180
　　　14.6.2　实验讲解 ……………………………………………………… 180
　　　14.6.3　创建工程 ……………………………………………………… 184
　14.7　实验参考程序 …………………………………………………………… 185
　14.8　实验总结 ………………………………………………………………… 188
　14.9　思考题 …………………………………………………………………… 188

附录A　ARM Cortex-M4 主要指令列表 ………………………………………… 189

附录B　硬件连接图 ……………………………………………………………… 194

实验 1　嵌入式系统开发环境部署

EXPERIMENT 1

1.1　实验目的

- 掌握 Keil 的下载与安装方法；
- 掌握在 Keil 下创建工程的方法。

1.2　实验设备

1. 硬件

（1）PC 一台；
（2）STM32F4 开发板一块；
（3）DAP 仿真器一台。

2. 软件

（1）Keil μVision5 集成开发环境；
（2）Windows 7/8/10 系统。

1.3　实验内容

下载并安装 Keil μVision5，熟悉开发环境，创建新工程。

1.4　实验预习

- 了解 STM32F4 系列开发板的硬件结构；
- 阅读 Keil 及 DAP 仿真器的相关资料；
- 熟悉 Keil 集成开发环境及仿真器的使用。

1.5 实验原理

本实验包括实验核心板介绍，Keil 开发环境配置以及使用方法，在该环境下的开发调试工作。

本实验教材所针对的实验板，其硬件平台所使用的微处理器是意法半导体出品的 32 位微控制器 STM32F429IGT6，属于 STM32F4 系列产品线。STM32F4 系列是基于 ARM Cortex-M4 32 位 RISC 内核的高性能微控制器。

该系列芯片配备了高速嵌入式存储器，其中包含 1MB 的 Flash 存储器和(256＋4)KB 的 SRAM，并集成了 64KB 的内核耦合存储器(Core Coupled Memory, CCM)。此外，该芯片还集成了丰富的外设功能部件，如高速模数转换器、高速数模转换器、LCD 并行接口，并行摄像头接口等。本实验核心板所采用的 STM32F429IGT6 芯片具有如下主要特点。

- 核心：ARM Cortex-M4，FPU MPU 180MHz；
- 存储：256＋4KB RAM，1MB ROM；
- 供电：1.80～3.60V；
- 144 个 GPIO；
- 定时器：2×32 位定时器，12×16 位定时器；
- 模数转换：2-频道 12 位 DAC，24-频道 12 位 ADC；
- 4 路 USART，2 路 I^2C，2 路 CAN，3 路 SPI，2 路 I^2S，1 路 FSMC；
- Ethernet MAC 10/100 接口；
- USB 2.0 全速率设备/主机/OTG 控制器；
- 8～14 位并行摄像头接口 DCMI；
- 独立看门狗 IWDG，窗口看门狗 WWDG；
- 真随机数发生器 RNG，散列处理器 HASH；
- CRC 计算单元。

在此基础上，本实验教材设计了基于 STM32F429IGT6 芯片的核心实验板，芯片核心频率可以达到 180MHz。为了保持实验平台的开放性和易扩展性等优势，该实验板引出了所有可用的 GPIO，仅设计了保证芯片正常运行和调试的最小功能电路，例如芯片的电源、重启和下载电路等，尽量能让读者利用该电路板进行二次开发。整个系统高度开放，所有 I/O 开放，开发不受限制。读者可自行设计模块，并且可以简便地接入系统。此外，本实验板还集成了一颗沁恒公司出品的 USB 转串口芯片 CH340G，以方便与 PC 宿主机进行数据通信。CH340G 芯片具有如下主要特性。

- 符合 USB 2.0 全速率标准。
- 数据格式：
  ① 数据位：5,6,7,8；
  ② 停止位：1,2；
  ③ 校验：奇校验，偶校验，标志校验，空白校验。
- 波特率：50bps～1Mbps。
- 内置收发缓存区。

实验核心板设计如图 1.1 所示,板载硬件资源及其接口已经在图中标出。整个系统所有 I/O 开放,读者可利用该电路板进行二次开发。本书附录 B 中列出了核心板所引出的所有引脚功能以及核心板电路图。

1.6 实验步骤

1.6.1 Keil 开发工具安装方法

实验核心板使用基于 Keil MDK 的集成开发环境来完成软件代码的编辑、编译、链接等工作,并按照工程项目的方式来管理代码文件及其相关文件。

Keil MDK 是 Keil Micro-controller Development Kit 的缩写,是美国 Keil 软件公司(现已被 ARM 公司收购)推出的一款微控制器 IDE(集成开发环境)。Keil MDK 不仅易学易用,而且功能强大,能够满足大多数苛刻的嵌入式应用的需要。其中,MDK-ARM 软件是针对以 ARM 系列处理器为核心的嵌入式系统的集成开发环境,包含了工业标准的 Keil C/C++编译工具链、调试器、宏编译器以及大量的中间库。它支持 Cortex-M、Cortex-R4、ARM7、ARM9 系列处理器,支持大部分的处理器制造厂商的芯片,如 ST、NXP、Atmel 等。

图 1.1 实验核心板

下面以 Keil MDK 为背景来介绍该集成开发环境的使用。

1. Keil MDK 软件安装

Keil MDK-ARM 集成开发环境安装比较简单,读者可以参考官方软件安装手册。需要特别指出的是,MDK-ARM 从 V4 版本升级到 V5 版本之后,在架构上有了很大的改变,V4 版本软件安装包中集成了器件支持包,而在 V5 版本中需要用户自己下载。因此,这里着重强调一下器件支持包(Pack)的安装。在完成 Keil MDK 的安装后,首次启动会出现如图 1.2 所示的 Pack Installer 界面;正常情况下,在等待一段时间后,图 1.2 中椭圆所示位置会加载到 100%并呈现出如图 1.3 所示的情况。

然而,读者不需要安装所有的 Pack,读者只需要安装实验平台所使用微处理器对应的安装包即可。在本实验教材中,使用的是 STM32F429IGT6,所以只需安装该安装包。这里单击如图 1.3 所示的三角形标注的刷新按钮即可。

接着,我们找到 STMicroelectromics ,这个选项下的都是意法半导体公司的产品,如图 1.4 所示。

找到 STM32F4 Series,单击 STM32F429,再单击如图 1.5 所示圈出的 Install 安装包。

2. 集成开发环境

Keil MDK 是一款集成了代码编辑、编译、下载、调试等功能的嵌入式软件开发环境。图 1.6 是 Keil MDK 打开一个工程项目后的主窗口。

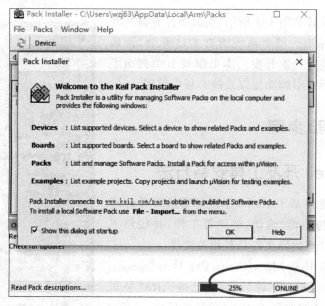

图 1.2 Pack 的安装步骤-1

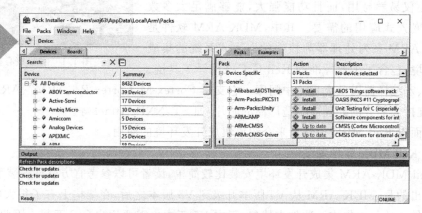

图 1.3 Pack 的安装步骤-2

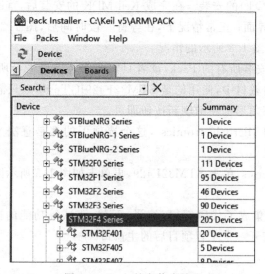

图 1.4 Pack 的安装步骤-3

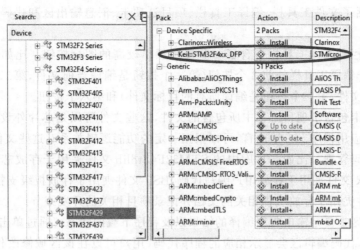

图 1.5　Pack 的安装步骤-4

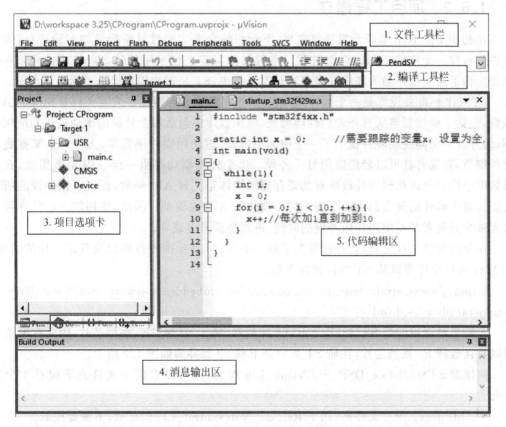

图 1.6　软件开发环境界面

可以看出,该开发环境在功能布局上延续了传统的程序开发工具的风格。除了功能菜单之外,还包括了文件工具栏、编译工具栏、项目选项卡、消息输出区和代码编辑区5个功能区。

文件工具栏和编译工具栏包含了一些使用频率较高的图标按钮。比如编译和下载按钮,分别对应于编译工具栏的前3个按钮(第一个按钮是编译当前文件,第二个按钮是编译所有修改过的文件,第三个按钮是编译所有的目标文件)和第六个按钮。

项目选项卡包含了项目工程中所包含的文件,这些文件可以是芯片外设的驱动程序以及用户开发的应用程序。一般而言,可以根据一定的功能逻辑关系对这些文件进行分组,便于用户进行代码管理。比如芯片库中的STM32F4Stdlib文件夹用于存放芯片外设的驱动程序文件,USR文件夹用于存放用户编写代码,BSP文件夹用于存放板级支持包相关代码,Document文件夹用于存放工程相关的文档并记录项目相关的开发细节。

消息输出区主要是输出程序编译的结果以及程序下载的状态。通过单击项目选项卡对应的程序文件,代码编辑区会显示相应的程序代码,用户可以在该区域修改代码,并保存编译生成新的可执行文件。

1.6.2 项目工程建立

在初步了解Keil集成开发环境之后,下面将结合本实验教材所提供的实验平台,为大家讲解新建一个软件工程的详细过程。本教材的实验平台采用的是STM32F429IGT6控制器。为了避免用户陷入底层外设驱动开发工作中,ST公司为用户提供了标准外设库。

STM32标准外设库是一个固件函数包,给出了外设寄存器标准宏定义以及相应的API函数,包括了微控制器所有外设的性能特征,该函数库还包括每个外设的驱动描述和应用实例,为开发者访问底层硬件提供了一个中间API,通过使用固件函数库,无须深入掌握底层硬件细节,开发者就可以轻松应用每个外设。每个外设驱动都由一组API函数组成,在该函数库中用户可以找到该外设所有的寄存器结构体定义和API函数,覆盖了该外设的所有功能。每个器件的开发都由一个通用的标准化的API去驱动。因此,使用固态函数库可以大大减少开发者开发使用片内外设的时间,进而降低开发成本。

在介绍新建工程之前,让我们首先了解一下STM32标准外设库以及其库文件的结构。STM32的标准库可以从ST官网链接下载:

https://www.stmicroelectronics.com.cn/zh/embedded-software/stm32-standard-peripheral-libraries.html

实验平台选用的是STM32F429IGT6控制器,属于STM32F4系列芯片,因此在网站上可以直接选择F4系列芯片,注册ST账户并下载,下载界面如图1.7所示。

解压缩STM32F4xx_DSP_StdPeriph_Lib库文件,可以看到主文件夹下面有4个文件夹。

- _htmresc:图片文件夹,用于Release_Notes.html文件的显示,不需要提取。
- Libraries:库函数的源文件夹,这个文件夹下的文件是需要提取的。
- Project:标准外设库驱动的完整例程,可以为用户提供库函数使用范例。
- Utilities:用于STM32评估板/开发板的专用驱动。

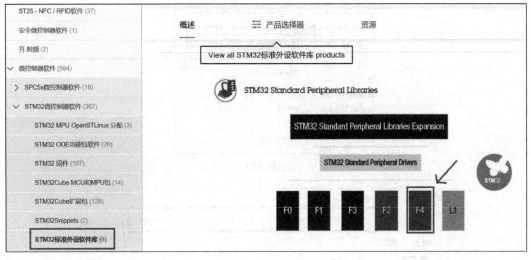

图 1.7 下载固件库

我们需要使用的标准库文件主要存在于 Libraries 文件夹下,因此可以将其复制到新建工程文件夹路径下。当然 Libraries 文件夹有些文件也是多余的,也可以只复制一些必要的文件,减少编译时间。

为了代码管理更加规范,除标准库外,还需要建立用于存放不同功能代码的文件夹。新建文件夹操作既可以在 Keil 中完成,也可以在相应的路径下直接新建文件夹。例如,将代码分为 4 个文件夹存储。

- USR:此文件夹下存放 main.c 和一些 STM32 的配置代码。
- StdLibs:库函数的源文件夹,这个文件夹下的文件是根据前文所述方式获得的。
- DRIVERS:存放相关外设的驱动程序代码,如 USART 通信的代码等。若是用到 MPU6050 模块等外部设备,则其驱动程序代码也会放在此文件夹下。
- APP:存放一些应用程序的代码。

下面介绍新建一个工程的具体步骤。新建一个工程主要包括新建工程、添加文件和文件夹、配置工程 3 个步骤。

1. 新建工程

新建工程的过程较为简单,选择 Project 菜单下的 New μVision Project 选项(见图 1.8(a)),然后选择一个路径保存新建工程;文件夹的设置可以按照上文所述,建立用于存放不同功能代码的文件夹,并给出工程名(见图 1.8(b));接着需要为工程选择相对应的芯片,如前所述,本教材的实验核心板选用的是 STM32F429IGT6 控制器,因此选择 STM32F429IGTx 芯片(见图 1.8(c));最后,根据需要,选择一些额外的软件。若是没有需要,直接单击 OK 按钮跳过即可(见图 1.8(d))。

2. 添加文件和文件夹

接下来要将文件和文件夹添加到工程中。这里的文件夹和 Group 其实是不强制要求一一对应的,即 Keil 的 Group USR 下的文件可以存储在 APP 文件夹中。但是为了规范,

(a) 新建工程

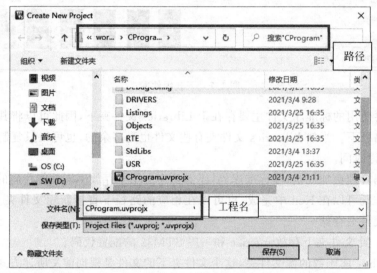

(b) 设置新工程的路径和名称

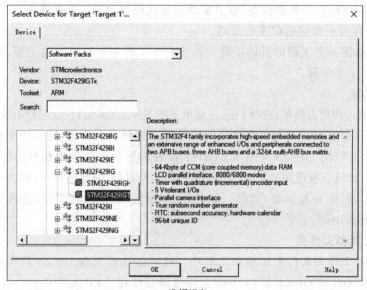

(c) 选择设备

图 1.8　新建工程

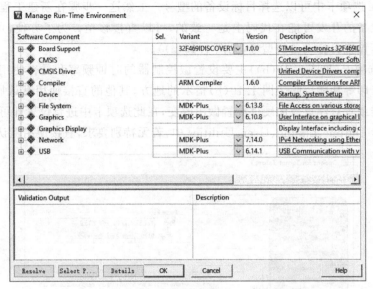

(d) 额外的软件

图 1.8 （续）

建议代码存储路径和 Group 名对应。接下来，需要向工程中添加新文件，可以添加已经存在的文件，也可以添加新文件到工程中，如图 1.9 所示。

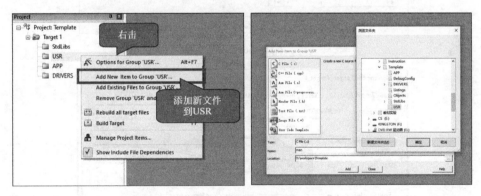

图 1.9 添加新文件

3. 配置工程

工程新建好之后，还需要对工程的相关属性进行配置。在 Keil 开发环境中，工程配置是通过目标选项（Options for Target）来完成的，它包含了一个工程目标的所有配置信息，这些信息是保存在工程文件中的（即工程文件.uvprojx）。工程生成选项的设置主要包括编译器选项、汇编器选项等，这些设置决定了 Keil 开发环境如何处理本工程项目，并生成可以下载到微控制器的可执行文件。

工程的相关配置是比较烦琐的过程，下面只讲一些主要的配置，具体的配置可以参照本教材后面实验所提供的示例工程。直接单击 Options for Target 快捷按钮，亦可通过菜单栏中的 Project 菜单找到 Options for Target。进入目标选项卡后，可以看到对话框有 10 个选项卡（见图 1.10(a)），以下对一些重要的工程配置界面的选项卡配置进行介绍。

在 Device 选项卡中可以选择目标设备的型号。虽然这一步骤在新建工程时已完成,但是由于一些设备的开发可能在代码上是一致的,可以直接移植。为了方便,可在此 Device 选项卡中重新设置目标设备的型号(见图 1.10(a))。

Target 选项卡(见图 1.10(b))主要设置微控制器的时钟频率和是否使用 MicroLib 库以支持串口打印等功能。除了图 1.10(b)指示的地方,其他的直接使用默认属性即可。如需更换编译器或者对浮点数的硬件配置做出改变,在此选项卡中进行设置即可。

在选项卡 Output、Listing、User、Utilities 中,若无特别要求,直接使用默认设置即可。

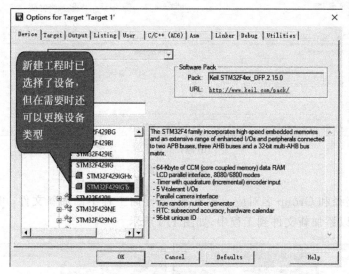

(a) Device 选项卡

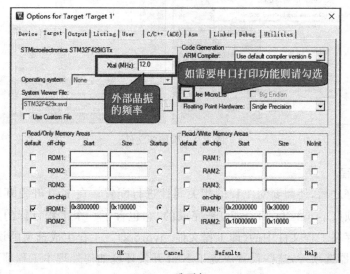

(b) Target 选项卡

图 1.10 Device 和 Target 选项卡配置

在 C/C++(AC6)选项卡中,需要设置一下预编译的 Symbol 和 IncludePaths,否则编译器将无从得知相关文件的路径,在 Define 文本框中需要定义"USE_STDPERIPH_

DRIVER,STM32F429_439xx",如图 1.11 所示。Asm 选项卡和 Linker 选项卡也使用默认设置即可。Debug 选项卡的设置与下载器的关联较强,请参考相关章节中的具体示例。

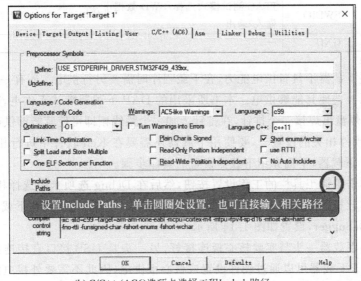

(a) C/C++ (AC6)选项卡选择官方STM32固件库

(b) C/C++ (AC6)选项卡选择工程Include路径

图 1.11 C/C++(AC6)选项卡配置

1.6.3 Keil MDK 调试工具

以 DAP 下载器为例。下载器又称仿真器,英文为 Debugger。其配置方法大同小异,Keil 在安装程序中内置了部分下载器的驱动和部分应用软件,因此部分 Debugger 无须额外安装驱动,但是一些 Debugger 的最新特性和功能需要最新版本的驱动以及相关软件支持。本教材使用的 DAP 下载器遵循的是 CMSIS-DAP 标准,无须安装驱动。

图 1.12 为板上 SWD 接口接线示意图,"+"接 3.3V,"-"接地,"C"接 SWCLK,"D"接 SWDIO。适配下载器接口的端子示意图如图 1.13 所示。

图 1.12　板上 SWD 接口接线示意图　　　　图 1.13　适配下载器接口的端子示意图

用户可根据自身需求制作相应的接线。可能一些下载器相关引脚的名称叫法有所不同,本教材给出了一个对照表,用于方便用户进行接线,如表 1.1 所示。

表 1.1　JTAG-SWD 对照表

JTAG 模式	SWD 模式	信　　号	注意事项
TCK	SWCLK	核内时钟	使用 10~100kΩ 下拉电阻接 GND
TDI	—	JTAG 测试数据输入	使用 10~100kΩ 上拉电阻接 VCC
TDO	SWV	JTAG 测试数据输出/SWV 跟踪数据输出	使用 10~100kΩ 上拉电阻接 VCC
TMS	SWDIO	JTAG 测试模式选择/SWD 数据输入/输出	使用 10~100kΩ 上拉电阻接 VCC
GND	GND	—	—

此外,一些下载器不具备供电能力,在下载程序时需要另行供电。还有一些下载器内有一些跳线,可以改造使其能够供电。本书所采用的 DAP 下载器默认不供电,其内部有一个 2.54mm-2p 的焊盘可焊接一个排针,在排针上加一个跳线帽即可使其能够供电。

除了这些硬件相关的设置外,要使用下载器还需要在 Keil 软件中进行相应的配置,本书采用的 DAP 下载器,下面介绍下载器设置的具体步骤。

第一步,单击编译工具栏的工程设置按钮,然后在 Debug 选项卡中选择相应的下载器。如前文所述,本教材所使用的下载器遵循的是 CMSIS-DAP 标准,因此在下载器菜单中选择 CMSIS-DAP Debugger,设置如图 1.14 所示。

第二步,将下载器一头与实验核心板连接好,另一头是 USB 接口直接连接到计算机的 USB 接口。由于下载器可以通过硬件设置成核心板供电,因此不需要外接电源。实验核心板与下载器连接好后,单击图 1.14 中 Debug 选项卡中的 Settings 按钮,可以看到 Keil 会自动检测到 Fire CMSIS-DAP 下载器,并检测到实验核心板的芯片,具体设置如图 1.15 所示。

第三步,设置 Flash 下载器。将程序下载芯片的 Flash 存储器进行固化。这样微控制器在掉电后程序不会丢失,在上电时会自动从 Flash 存储器装载程序,然后运行。为了保证比较快的擦写速度,这里建议选择 Erase Sectors 选项。如果希望程序下载完后,程序能自动运行,则选中 Reset and Run 选项。Flash 的地址范围需要根据实际的芯片选型来确定,本教材所选用的芯片 STM32F429IGT6 包含 1MB Flash,地址区间为 0x08000000~0x080FFFFF。具体设置如图 1.16 所示。

最后在 Utilities 选项卡中选择使用默认配置的仿真器下载程序,设置如图 1.17 所示。

实验1 嵌入式系统开发环境部署

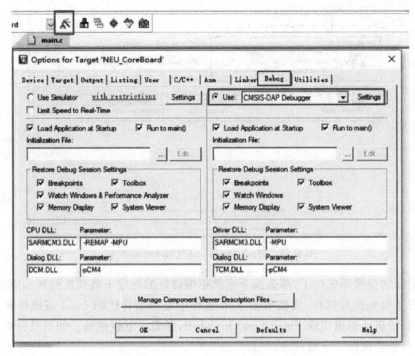

图 1.14 Debug 选项配置

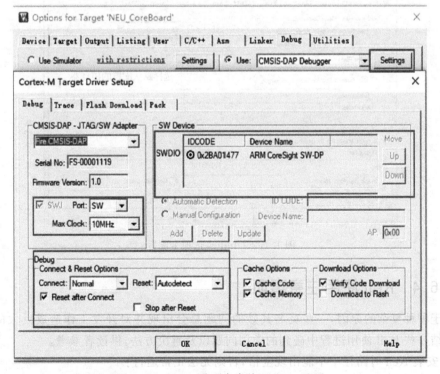

图 1.15 Debug 选项卡中的 Settings 配置

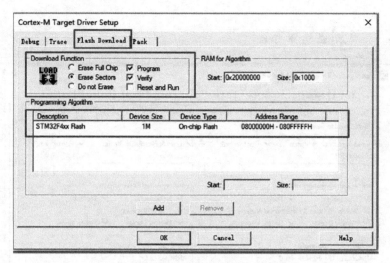

图 1.16　Flash Download 选项卡中的配置

如果前面的步骤都成功了,那么接下来就把编译好的程序下载到实验核心板上运行,下载程序不需要其他额外软件,直接单击 Keil 软件中编译工具栏的 Load 按钮即可。程序下载后,在消息输出区如果出现 Flash Load Finished,则表示下载成功。如果没有观察到实验现象,那么可以尝试按一下复位键。

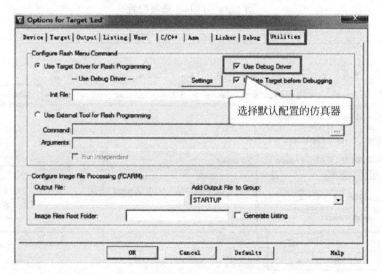

图 1.17　Utilities 选项卡配置

1.6.4　Keil 使用注意事项

由于种种复杂的原因,一些莫名其妙的问题总会出现并对开发工作造成巨大的影响。这里总结一些 Keil 使用过程中碰到的常用问题以及解决方法,供读者参考。

- 安装 Keil 时路径中不能出现空格,否则无法正常运行!
- 下载时报错"Error:Flash Download failed cannot load file xxx.axf…"。
出现这个问题的原因有很多,一般来说,用户可能会发现.axf 文件能够正常生成,甚至用管理员模式打开 Keil 也无济于事。我们尝试发现：
① 当工程路径中含有"@"字符时会出现这种现象，删除"@"符号后即可恢复正常；
② 若工程的 target 名中含有数字时也可能出现该现象。
- 下载时报错"Error：Flash Download failed - "Cortex-M4""。
该问题的原因也很多，目前已知的如下：
① 接线松动，需要检查接线；
② 没有使用正确的 Flash Programming Algorithm。
- 出现"E203：Undefined identifier-function "Message" When Building"。
该现象出现在早期版本的 Keil 中，将软件更新到最新或者将软件包降级即可。

1.7 实验总结

本实验是本教材的预备实验，介绍了如何下载工具平台 Keil，如何安装该工具，如何建立新工程，如何配置。

1.8 思考题

（1）了解工具的安装方法。
（2）了解仿真器的安装方法。

实验 2 汇编指令实验

EXPERIMENT 2

2.1 实验目的

- 熟悉 Keil 的使用；
- 熟悉 ARM Cortex-M4 汇编指令的用法；
- 掌握汇编程序的编写及调试方法。

2.2 实验设备

1. 硬件

PC 一台。

2. 软件

(1) Windows 7/8/10 系统；
(2) Keil μVision5 集成开发环境。

2.3 实验内容

2.3.1 实验题目

汇编求和与循环判断：利用汇编指令灵活的第二个操作数，求 SUM＝3X＋Y 的值，然后使用 STR 指令存储到 0x20000010 所在内存单元。使用 LDR 指令读取 COUNT 所在存储单元 0x20000000 中的数据，将数据减 1，若结果大于 SUM，则把 COUNT 的值减 1，写回原 COUNT 所在的存储单元中；若结果小于或等于 SUM，则使用 STR 指令把 SUM 写回原 COUNT 地址单元，如此循环。

用 C 语言描述如下：

```
SUM = 3X + Y;
While (true){
    COUNT = COUNT - 1;
```

```
    if (COUNT > SUM)
        COUNT = COUNT;
    else
        COUNT = SUM;
}
```

其中,SUM 变量的地址是 0x20000010;COUNT 变量的地址是 0x20000000,COUNT 的初始值为 20。

2.3.2 实验描述

实现 SUM = 3X + Y:首先定义 SUM 的地址为 0x20000010,COUNT 的地址为 0x20000000,其初始值为 20,X 和 Y 的值分别为 5 和 1。

在程序中,将 X 与 Y 的值赋给寄存器 R2 与 R3,然后将 R2 左移 1 位并与原 R2 相加获得 3 倍的 R2,并赋值给 R2,然后将 R2 与 R3 相加,将结果赋值给 R3,最后将 R3 的值存储到 SUM 所在的存储单元。

实现后面的循环:将 COUNT 的地址值赋给 R1,通过 STR 指令将初始值 20 赋值给 COUNT 所在存储单元。

在循环中,使用 LDR 指令读取 0x20000000 中的数据,将数据减 1,若结果大于 SUM,则把 COUNT 存储单元的值减 1 并回写原 COUNT 所在的存储单元;若结果小于或等于 SUM,则使用 STR 指令把 SUM 写到 COUNT 所在的存储单元,如此循环。

2.4 实验预习

- 仔细阅读 ARM Cortex-M4 指令集的内容;
- 仔细阅读 Keil 相关资料,了解 Keil 工程编辑和调试的内容(本实验使用软件仿真)。

2.5 实验原理

2.5.1 软件开发环境

基于 ARM Cortex-M4 平台的开发及调试工具来完成。本实验使用软件开发环境 Keil μVision5 完成系统的软件开发,进行软硬件仿真调试。

2.5.2 ARM Cortex-M4 编程模型

1. 架构简介

Cortex-M4 是 32 位精简指令集计算机(RISC)微控制器,是基于 ARMv7E-M 架构的,相对于 Cortex-M3 增加了 DSP 功能。

Cortex-M4 具有 32 位寄存器、32 位内部数据通路和 32 位总线接口。

2. 操作状态和操作模式

Cortex-M4 包括两种操作状态和两种操作模式。

1) 操作状态

(1) 调试状态：当处理器被暂停时(触发断点等)，进入调试状态并停止指令执行。

(2) Thumb 状态：处理器正常执行代码的状态，Cortex-M4 处理器不支持 ARM 指令，故不存在 ARM 状态。但是它除了支持 16 位的 Thumb 指令外，还支持 32 位 Thumb-2 指令。

2) 操作模式

(1) 处理模式：执行中断服务程序(ISR)等异常处理。在该处理模式下处理器总是具有特权访问等级。

(2) 线程模式：执行普通的应用程序代码时的运行模式。处理器既可处于特权访问等级，也可处于非特权访问等级。

3. 访问等级

Cortex-M4 一共有两个等级，特权访问和非特权访问等级。

(1) 特权访问等级：可以访问处理器中所有资源。

(2) 非特权访问等级：有些存储器区域无法访问，有些操作也无法使用。

访问等级由特殊寄存器 CONTROL 控制。软件可实现从特权访问到非特权访问等级的切换；反之，无法用软件实现，需要借助异常机制。

4. 寄存器

Cortex-M4 处理器的寄存器组有 16 个寄存器，其中 13 个为 32 位通用寄存器，其他 3 个为特殊用途的寄存器，如图 2.1 所示。

(1) R0～R12：通用寄存器，初始值未定义；R0～R7 被称作低寄存器(16 位指令只能访问低寄存器)；R8～R12 被称作高寄存器。

(2) R13，栈指针(SP)：通过 PUSH 和 POP 操作访问存储区；物理上存在两个栈指针：主栈指针(MSP，默认栈指针)和进程栈指针(PSP，只用于线程模式)；对于一般程序，两个栈指针只有一个可见。

(3) R14，链接寄存器(LR)：用于保存函数或子程序调用时的返回地址；函数或子程序结束时，程序控制可以通过将 LR 的数值加载到程序计数器 PC 中返回到调用程序并继续执行。

(4) R15，程序计数器(PC)：可读可写的寄存器，读操作返回当前指令地址加 4(三级流水线)，写操作会引起跳转；PC 永远指向下一条要取的指令地址。

图 2.1 寄存器组

5. 程序状态寄存器

程序状态寄存器(PSR)包括以下 3 个寄存器：

- 应用 PSR(APSR)；
- 执行 PSR(EPSR)；
- 中断 PSR(IPSR)。

这 3 个程序状态寄存器既可以合在一起使用，其各位设置如下：

	31	30	29	28	27	26:25	24	23:20	19:16	15:10	9	8	7	6	5	4:0
xPSR	N	Z	C	V	Q	ICI/IT	T		GE[0:3]	ICI/IT			异常编号			

也可以分别使用,各个程序状态寄存器的位置设置如下:

APSR	N	Z	C	V	Q		GE[0:3]		8:0
IPSR									异常编号
EPSR				ICI/IT	T			ICI/IT	

其中每位的含义如表 2.1 所示。

表 2.1 程序状态寄存器各位的含义

位	描 述
N	负标志
Z	零标志
C	进位(或者非借位)标志
V	溢出标志
Q	饱和标志
GE[3:0]	大于或等于标志,对应每个字节通路
ICI/IT	中断继续指令(ICI)位,IF-THEN 指令状态位,用于条件执行
T	Thumb 状态,总是 1,清除此位会引起错误异常
异常编号	表示处理器正在处理的异常

ISPR 寄存器中只有中断号,为只读存储器。EPSR 寄存器中 T 表示 Thumb 状态,因 Cortex-M4 只支持 Thumb 状态,不支持 ARM 状态,故 T 位始终为 1。

6. PRIMASK、FAULTMASK 和 BASEPRI 寄存器

PRIMASK、FAULTMASK 和 BASEPRI 寄存器用于异常或中断屏蔽(只用于特权模式下)。

- PRIMASK 寄存器为 1 位有效的中断屏蔽寄存器,可屏蔽除 NMI 和 HardFault 之外的所有异常。
- FAULTMASK 与 PRIMASK 类似,在 PRIMASK 基础上还可屏蔽 HardFault。
- BASEPRI 寄存器根据设置可以屏蔽低优先级中断,可控制 8 个或 16 个中断,相应的寄存器的有效位为 3 位或 4 位。

7. CONTROL 寄存器

Cortex-M4 处理器的 CONTROL 寄存器有以下作用:

- 栈指针的选择(主栈指针/进程栈指针);
- 线程模式的访问等级(特权/非特权);
- 当前代码是否使用浮点单元。

8. 浮点寄存器

1) S0~S31 和 D0~D15 寄存器

S0~S31 是 32 个 32 位寄存器,可利用 D0~D15 成对访问,但 Cortex-M4 不支持双精度浮点运算,只是用于双精度数据的传输。

2) 浮点状态和控制寄存器(FPSCR)

FPSCR 提供了两个功能:

- 提供浮点运算结果的状态信息,如负标志、进位标志等。
- 定义一些浮点运算动作。

9. 浮点单元控制寄存器(CPACR)

浮点单元控制寄存器的功能是可以设置浮点单元的访问权限,如拒绝访问、特权访问、全访问。

2.5.3 存储器系统

1. 存储器系统特性

存储器系统具有以下特性。
- 4GB 线性地址空间;
- 架构定义的存储器映射;
- 支持大小端的存储器系统;
- 位段访问;
- 写缓冲;
- 存储器保护单元(MPU)。

2. 存储器映射

Cortex-M4 的 4GB 空间被分成多个存储器区域,区域根据各自的典型用法进行划分,包括系统 0.5GB、外部设备 1GB、外部 RAM 1GB、外设 0.5GB、SRAM 0.5GB、CODE 0.5GB。

一般代码放在 Flash 中,数据放在 RAM 中。数据在 RAM 存放有一定顺序,可以分为数据段、BSS 段、堆和栈区域。

- 数据段:存储在内存的底部,包含初始化的全局变量和静态变量;
- BSS 段:未初始化的数据;
- 堆:C 函数自动分配存储器区域;
- 栈:用于临时存放数据、局部变量、函数调用等。

3. 栈存储

Cortex-M4 处理器将系统主存储器用于栈空间操作,使用 PUSH 指令进栈以及 POP 指令出栈。每次使用 PUSH 和 POP 操作后,当前使用的栈指针都会自动调整。

栈主要用于:
- 存储局部变量;
- 异常产生时保存处理器状态和寄存器数值;
- 函数调用时。

4. 复位和复位流程

对于典型的 Cortex-M4 处理器,复位类型有以下 3 种。
- 上电复位:复位处理器中的所有部分;
- 系统复位:只复位处理器和外设;
- 处理器复位:只复位处理器。

2.5.4 指令格式

Cortex-M4 指令格式为

`<助记符>{<cond 执行条件>} {S}  <Rd 目的寄存器>,<Rn 操作数寄存器>,{<op2 第二个操作数>}`

其中,<>内的项是必需的,{}内的项是可选的。

助记符表示指令,如 LDR、STR 等指令。

cond 是根据程序状态寄存器的条件位域设置的条件码,如 EQ、NE 等。

S 表示是否影响 PSR 寄存器的值,若指令有 S,则影响 PSR,否则不影响。

下面给出几个例子,了解指令的书写格式:

`LDR R0, [R1]        ;读取 R1 地址上的存储器单元内容,并存储到 R0 中`

带条件的执行:

`BEQ DATAEVEN       ;跳转指令,执行条件为 EQ,即相等则跳转到 DATAEVEN`
`ADDS R1,R1,#1     ;加法指令,R1+1=>R1,其结果会影响 PSR 寄存器的条件位域`

相关 Cortex-M4 指令介绍见附录 A。

2.6 实验步骤

2.6.1 工程文件

本实验基于 Keil μVision5 集成开发环境开发汇编程序。对于文件可由 Keil 建立的工程文件进行管理,工程中一般包含 C 语言文件(*.c)、汇编文件(*.s)和头文件(*.h)等源文件。

2.6.2 创建工程

启动 Keil μVision5,根据实验 1 内容建立一个工程 Instruction,在新建工程的最后一步,选中需要的 CMSIS 和 Device 中的 Startup 选项,如图 2.2 所示。

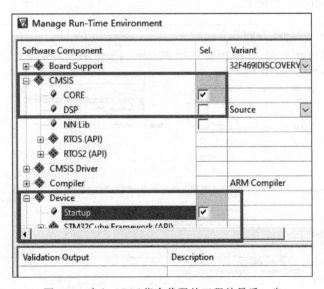

图 2.2 建立 ARM 指令代码的工程的最后一步

2.6.3 创建文件

右击 Source Group 1,选择 Add New Item to Group,输入文件名 test.s,将该文件添加到工程中。如图 2.3 所示,单击 Add 按钮后,就出现文本编辑窗口,这时就可以在文本编辑窗口编写汇编程序,具体代码参见 2.7 节。

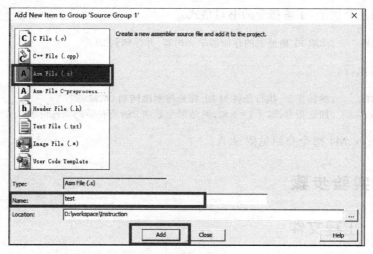

图 2.3 新建文件 test.s

2.6.4 配置参数

选择 Project→Options for Target 'Target 1',在 Linker 选项卡中设置工程链接地址 R/O Base 为 0x08000000,R/W Base 为 0x20000000;在 Debug 选项卡中设置软件仿真调试,分别如图 2.4 和图 2.5 所示。

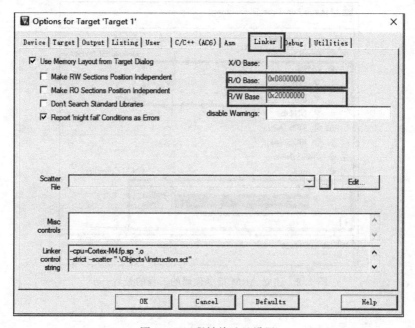

图 2.4 工程链接地址设置

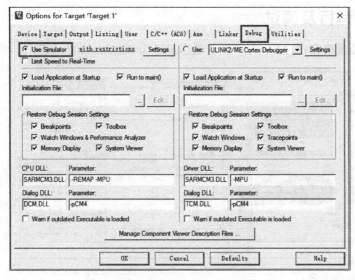

图 2.5 设置软件仿真调试

2.6.5 编译

选择 Project→Build Target 编译链接工程,选择 Debug→Start/Stop Debug Session,进行软件仿真调试。说明:选择 View→Registers Window 可以显示寄存器窗口,查看寄存器的值,如图 2.6 所示。

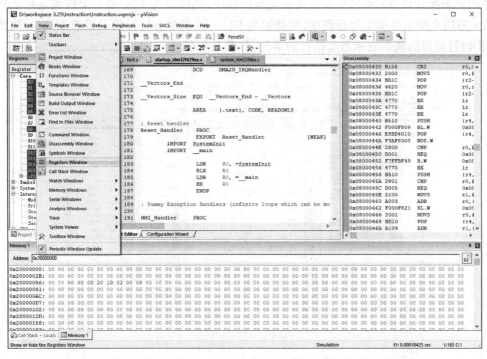

图 2.6 寄存器窗口

2.6.6 运行及调试

打开存储器观察窗口(Memory)设置观察地址为 0x20000000,如图 2.7 所示。

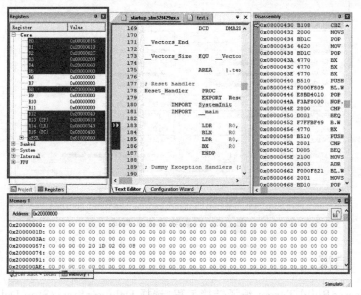

图 2.7 寄存器的显示和 Memory 的显示

Debug 界面中左上角几个按钮是控制执行与停止的。第一个按钮是复位 CPU 按钮,让程序回到未执行状态;第二个按钮是全速运行程序,快捷键为 F5;第三个按钮是停止程序运行;第四个按钮是单步运行程序,快捷键为 F11。可以单击每行代码最前面设置/取消断点,代码行前面的箭头表示当前执行的语句,如图 2.8 所示。

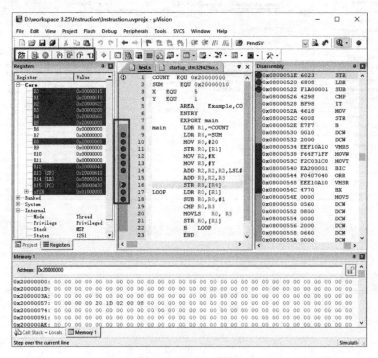

图 2.8 Debug 界面

调试时观察寄存器 0x20000000 和 0x20000010 地址上的值。main 执行完后,观察 0x20000010 上的值,即 3X+Y 的值,如图 2.9 所示。

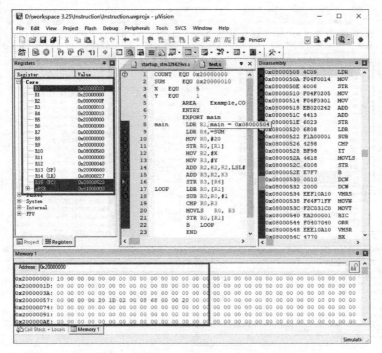

图 2.9　寄存器的显示和 Memory 的显示 1

单步运行,COUNT 初始赋值为 0x14,观察 R0、R1 和 0x20000000 的值,如图 2.10 所示。

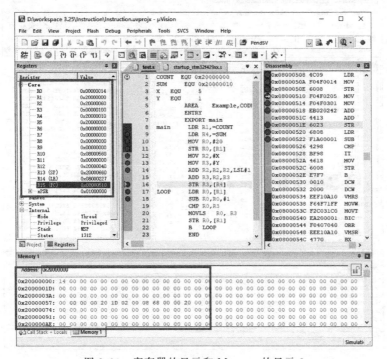

图 2.10　寄存器的显示和 Memory 的显示 2

循环一次之后,COUNT 为 0x13,如图 2.11 所示。

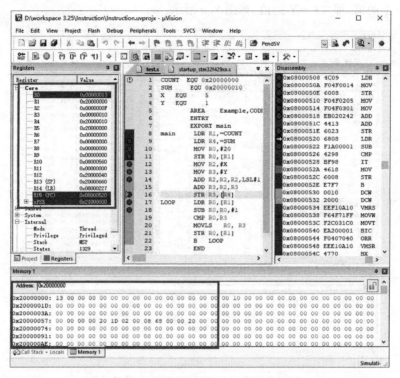

图 2.11　寄存器的显示和 Memory 的显示 3

循环 5 次时,COUNT 被赋值为 SUM 的值 0x10,如图 2.12 所示。

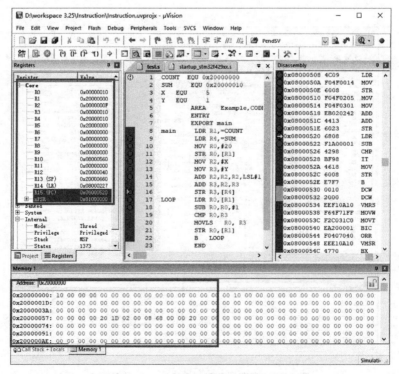

图 2.12　寄存器的显示和 Memory 的显示 4

2.7 实验参考程序

```
COUNT   EQU 0x20000000          ; 定义一个变量,地址为 0x20000000
SUM     EQU 0x20000010          ; 定义一个变量,地址为 0x20000010
X       EQU     5
Y       EQU     1
        AREA    Example,CODE,READONLY   ; 声明代码段 Example
        ENTRY                   ; 标识程序入口
        EXPORT main             ; 变量使用范围
main    LDR R1, = COUNT         ; R1 <= COUNT
        LDR     R4, = SUM       ; R5 <= SUM
        MOV R0, #20             ; R0 <= 20
        STR R0,[R1]             ; [R1]<= R0,设置 count 为 5
        MOV R2, #X              ; R2 <= X
        MOV R3, #Y              ; R3 <= Y
        ADD R2,R2,R2,LSL#1      ; R2 <= 3*X
        ADD R3,R2,R3            ; R3 <= 3*X+Y
        STR R3,[R4]             ; [R5]<= R4,3*X+Y 存到 SUM
LOOP    LDR R0,[R1]             ; R0 <= [R1]
        SUB R0,R0, #1           ; R0 <= R0-1
        CMP R0,R3               ; R0 与 0 比较,影响条件码标志
        MOVLS R0, R3            ; 若 R0 小于或等于 0,则此指令执行
        STR R0,[R1]             ; [R1]<= R0,即为 COUNT 存储单元赋值
        B   LOOP
END
```

2.8 实验总结

本实验演示了如何利用 Keil 工具完成汇编程序的编写、编译和调试。

2.9 思考题

(1) LDR 伪指令与 LDR 加载指令的功能和应用有何区别？举例说明。
(2) 使用 ARM 指令实现下面的 C 代码：

```
if(a>b)
    a++;
else
    b++;
```

(3) 利用 ARM 指令实现下面的 C 代码：

```
int sum = 0;
for(i = 0;i < 100;i ++){
  int sum += i;
  if(sum >= 100)
    sum = 0;
}
```

实验 3　C 语言实验

EXPERIMENT 3

3.1　实验目的

- 熟悉在 Keil 工具中编写 C 语言程序；
- 熟悉 C 语言程序的调试。

3.2　实验设备

1. 硬件

PC 一台。

2. 软件

(1) Windows 7/8/10 系统；
(2) Keil μVision5 集成开发环境。

3.3　实验内容

在 Keil 工具中通过 C 语言完成 sum＝1＋2＋…＋10 的程序编写，并在仿真模式下进行调试。

3.4　实验预习

- 复习 C 语言编程；
- 学习在 Keil 工具下如何建立工程及配置。

3.5　实验原理

在调试该 C 语言程序时，配置本实验教材所使用的开发板，或以仿真模式运行。

3.6 实验步骤

3.6.1 创建工程

在 Keil 工具中创建一个新工程,在实验 2 创建工程的基础上在 USR 中添加 main 函数。

3.6.2 修改配置

单击如图 3.1 所示方框中的按钮,打开配置界面。

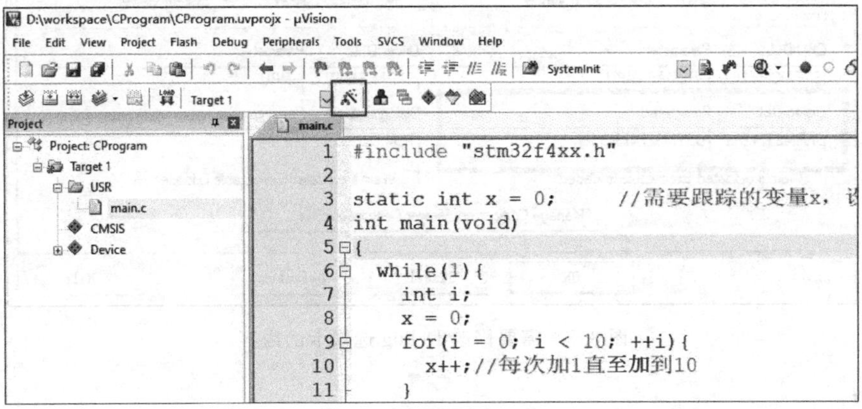

图 3.1 打开配置界面按钮

切换到 Debug 选项卡,如图 3.2 所示。

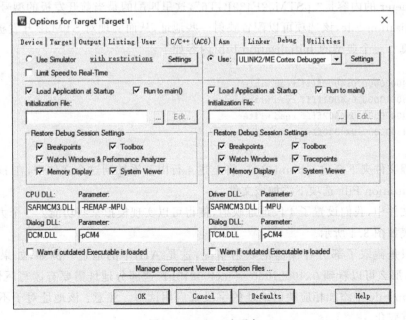

图 3.2 Debug 选项卡

将选项卡中的内容改为如图 3.3 所示，注意粗黑框标注的内容，具体修改见下文。

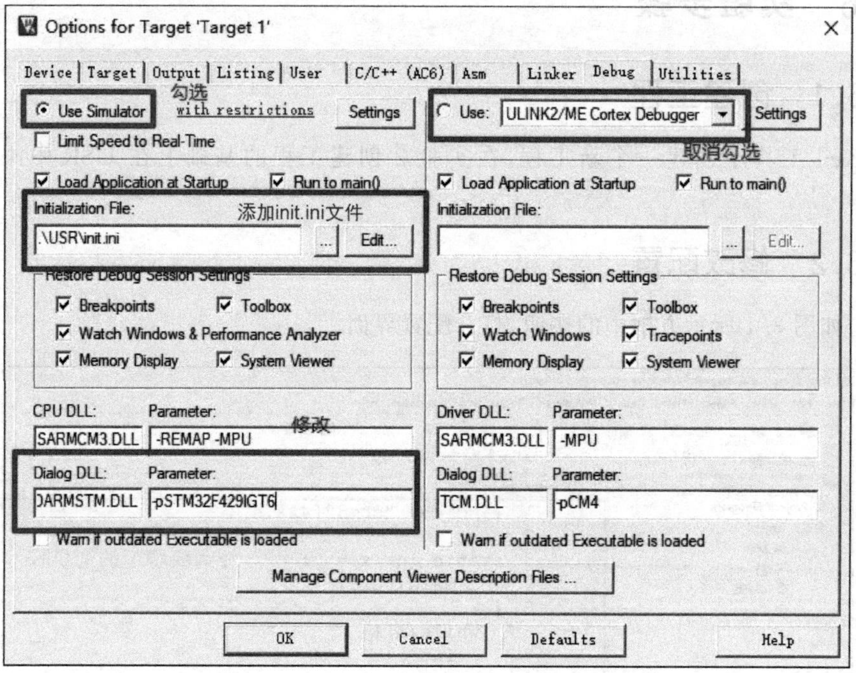

图 3.3　需要修改 Debug 选项卡的内容

其中：

Use Simulator 代表要使用软件模拟仿真。

Dialog DLL 的内容是 DARMSTM.DLL，表示使用 STM 系列。

Parameter 的内容是"-pSTM32F429IGT6"，这里匹配的是当前开发板的型号。

Initialization File，该选项可以配置映射一些地址，从而实现对 STM32 开发板不同功能的模拟仿真。一个典型的 Initialization File 内容如下：

```
map 0x40000000,0x4000ffff read write
map 0x40010000,0x4001ffff read write
map 0x40020000,0x4002ffff read write
map 0x48000000,0x4800ffff read write
```

在工程文件夹下新建 init.ini 文件，将上述 4 行内容添加到这个文件中，在 Debug 选项卡的 Initialization File 选项下添加该文件。

在该文件中，我们设置了 4 段地址映射，使得可以实现模拟某些功能。一个大致的地址功能映射表如图 3.4 所示。

上面只是截取了部分存储器的映射情况，这是 AHB1 的地址。例如，如果需要使用 RCC 功能，那么可以看到 0x40021000 至 0x400213FF 这部分地址需要有读写属性，可以在 Initialization File 中添加相应映射地址的字段来启用读写。注意：该地址对于不同型号的开发板会有变化。

Debug 选项卡中的内容修改完毕后，单击 OK 按钮完成配置。

总线	编址范围	大小	外设
AHB1	0x4002 4000 - 0x4002 43FF	1 KB	TSC
	0x4002 3400 - 0x4002 3FFF	3 KB	Reserved
	0x4002 3000 - 0x4002 33FF	1 KB	CRC
	0x4002 2400 - 0x4002 2FFF	3 KB	Reserved
	0x4002 2000 - 0x4002 23FF	1 KB	FLASH 接口
	0x4002 1400 - 0x4002 1FFF	3 KB	Reserved
	0x4002 1000 - 0x4002 13FF	1 KB	RCC

图 3.4　部分存储器的映射

3.6.3　跟踪变量

配置完成后，就可以通过 Debug 进行仿真了。本次实验中，我们通过一个简单的累加来仿真，验证程序的正确性。main.c 文件内容如下：

```
# include "stm32f4xx.h"

static int x = 0;            //需要跟踪的变量x,设置为全局变量,局部变量无法用分析器跟踪
int main(void)
{
    while(1){
    int i;
    x = 0;
    for(i = 0; i < 10; ++i){
        x ++;             //每次加1直至加到10
    }
    }
}
```

在编写好程序后，单击 Keil 左上角的 Build 或 Rebuild 按钮进行编译，如图 3.5 所示。

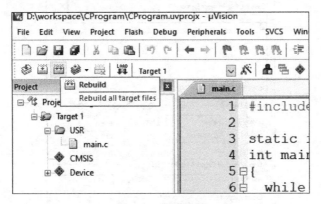

图 3.5　重新编译

在如图 3.6 所示的 Output 框中看到无错误(0 Error(s))提示后即编译成功。
编译完成后，单击 Debug 按钮，然后单击分析器按钮，如图 3.7 所示。

```
Rebuild started: Project: CProgram
*** Using Compiler 'V6.15', folder: 'C:\Keil_v5\ARM\ARMCLANG\Bin'
Rebuild target 'Target 1'
compiling main.c...
assembling startup_stm32f429xx.s...
compiling system_stm32f4xx.c...
linking...
Program Size: Code=376 RO-data=444 RW-data=0 ZI-data=1632
".\Objects\CProgram.axf" - 0 Error(s), 0 Warning(s).
Build Time Elapsed:  00:00:00
```

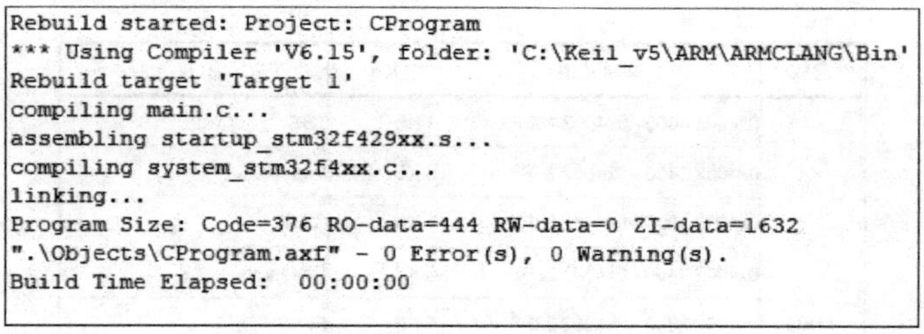

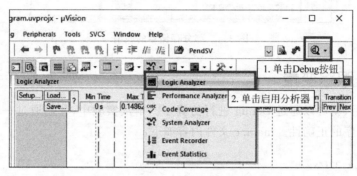

图 3.6　重新编译成功的 Output 框

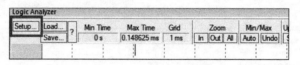

图 3.7　打开 Debug 窗口并启用分析器

单击分析器左上角的 Setup 按钮，如图 3.8 所示。

图 3.8　单击 Setup 按钮

在如图 3.9 所示界面中单击右上角标识处添加变量 x(如果已经有则不用添加，关闭此框即可)，添加完毕后单击 Close 按钮。

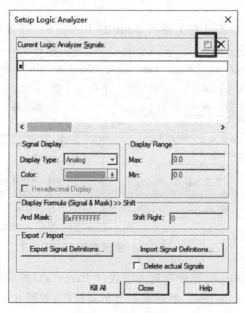

图 3.9　添加变量

在分析器中左侧看到变量 x，即添加成功，如图 3.10 所示。请注意，需要在分析器中跟踪的变量必须为全局变量，若设置为局部变量，则可能无法添加到分析器中。

图 3.10　添加变量成功

因为分析器展示的默认范围非常广（和变量类型上下限有关），因此需要设置自动调整范围以更好地展现值的变化。在分析器窗口中空白位置右击，选中 Adaptive Min/Max 选项，如图 3.11 所示。

单击 Keil 左上角的 Run 按钮，可以看到分析器中出现波形，如图 3.12 所示。

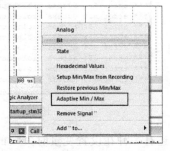

图 3.11　设置仿真变量的最大/最小值

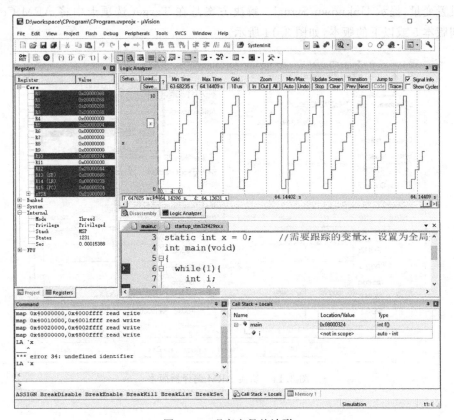

图 3.12　观察变量的波形

可以看到,波形从 0~10 以阶梯形式上升,符合程序设定,每次加 1 直到 10 的结果是一致的。

请注意,如果 Initialization File 没有被加载或者没有正确配置地址,那么在 Command 窗口会出现如图 3.13 所示的错误信息。此时需要重新配置 Initialization File。

```
Command
Load "E:\\Earl2\\STM32\\NEU_CoreBoard-STM32F407VG\\Objects\\NEU_CoreBoar
WS 1, `USART_RX_TEST
WS 1, `cnts
WS 1, `rcc_clocks.HCLK_Frequency
WS 1, `ms
WS 1, `SysTick
WS 1, `value
WS 1, `TimingDelay
WS 1, `SystemCoreClock
WS 1, `x
LA `x
*** error 65: access violation at 0x40023800 : no 'read' permission
*** error 65: access violation at 0x40023800 : no 'write' permission
*** error 65: access violation at 0x40023808 : no 'write' permission
*** error 65: access violation at 0x40023800 : no 'read' permission
*** error 65: access violation at 0x40023800 : no 'write' permission
*** error 65: access violation at 0x40023804 : no 'write' permission
*** error 65: access violation at 0x40023800 : no 'read' permission
*** error 65: access violation at 0x40023800 : no 'write' permission
*** error 65: access violation at 0x4002380C : no 'write' permission
```

图 3.13 初始文件配置错误信息

此外,还有一种在设置变量时失败的情况,是在最新版 Keil μVision5 中,默认的 ARM 编译器会使用版本 6 的编译器,在该版本的编译器进行编译后,在 Debug 选项卡的 Setup 里无法设置变量,提示 Unknown Signal。解决方案是在 Target 选项卡中将 ARM Compiler 切换到版本 5 或以下的版本,如图 3.14 所示。

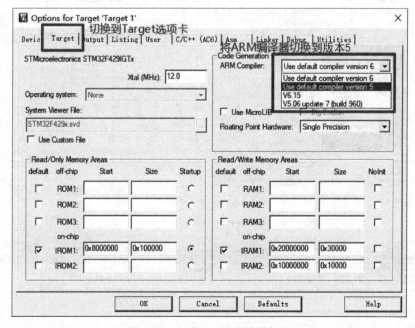

图 3.14 切换 ARM 编译器版本

3.7 实验参考程序

```c
#include "stm32f4xx.h"

static int x = 0;          //需要跟踪的变量 x,设置为全局变量,局部变量无法用分析器跟踪
int main(void)
{
    while(1){
        int i;
        x = 0;
        for(i = 0; i < 10; ++i){
            x ++;            //每次加 1 直至加到 10
        }
    }
}
```

3.8 实验总结

本实验给出了如何使用 Keil 软件进行仿真的例子：从 Keil 软件仿真器中模拟运行一个简单的累加计算。初学者经过本节的实验理解和体验 STM32 的仿真过程,熟练掌握 Keil 软件的 STM32 系列开发板的仿真器使用方法。

3.9 思考题

（1）尝试通过配置其他映射地址,启用 GPIO 引脚,观察 GPIO 引脚高低电平变化。

（2）使用 Debug 模式下的 Watch 功能观察变量的变化,并比较和仿真分析器的相同和不同点。

（3）查阅资料了解不同型号的 STM32 的地址映射配置。

实验 4 GPIO 设备编程——输出实验
（寄存器点亮 LED 灯）

EXPERIMENT 4

4.1 实验目的

- 掌握引脚连接模块的配置；
- 能够在 ARM Cortex-M4 开发板上运行第一个程序；
- 了解 GPIO 引脚和相应寄存器的配置；
- 了解寄存器在内存中映射；
- 学会设置 GPIO 寄存器点亮 LED 灯。

4.2 实验设备

1. 硬件
(1) PC 一台；
(2) STM32F4 开发板一块；
(3) DAP 仿真器一台；
(4) LED 灯一个；
(5) 导线若干根，面包板一块，限流电阻若干只。

2. 软件
(1) Windows 7/8/10 系统；
(2) Keil μVision5 集成开发环境。

4.3 实验内容

本实验基于 Keil μVision5 集成开发环境，在充分了解其使用方法后，建立工程，设计引脚连接模块；在此基础上，了解 GPIO 引脚与寄存器之间的映射关系，学会设置 GPIO 寄存器点亮 LED 灯，观察改变寄存器的相应位的值时，LED 灯的亮灭情况；将编写好的程序烧入开发板，驱动 ARM Cortex-M4 芯片，观察连接在引脚上的 LED 灯的状态。

4.4 实验预习

- 了解 GPIO 端口的控制方法；
- 仔细阅读 Keil 相关资料，了解 Keil 工程编辑和调试的内容。

4.5 实验原理

4.5.1 GPIO 寄存器

GPIO 是通用输入/输出端口的简称，简单来说就是软件可控制的引脚，STM32F4 芯片通过 GPIO 引脚与外部设备连接起来，从而实现与外部通信、控制以及数据采集的功能。

STM32F429 系列有 11 组 GPIO 引脚，每组 I/O 有 16 个 I/O 引脚。不同的芯片型号，I/O 组的数目不同。每组 I/O 对应 10 个寄存器，也就是 10 个寄存器控制一组 GPIO 的 16 个 I/O 引脚。这 10 个寄存器如下所述。

(1) 4 个 32 位配置寄存器(GPIOx_MODER、GPIOx_OTYPER、GPIOx_OSPEEDR 和 GPIOx_PUPDR)。

- GPIOx_MODER：模式寄存器，配置 GPIO 的输入/输出/复用/模拟模式；
- GPIOx_OTYPER：输出类型寄存器，配置推挽/开漏模式；
- GPIOx_OSPEEDR：输出速度寄存器，配置可选低/中/高/极高输出速度；
- GPIOx_PUPDR：上/下拉寄存器，配置上拉/下拉/浮空模式。

(2) 2 个 32 位数据寄存器(GPIOx_IDR 和 GPIOx_ODR)。

- GPIOx_IDR：输入数据寄存器，[16..31]位保留，[0..15]对应相应引脚在输入模式下的数据；
- GPIOx_ODR：输出数据寄存器，[16..31]位保留，[0..15]对应相应引脚在输出模式下的输出数据。

(3) 1 个 32 位置位/复位寄存器 (GPIOx_BSRR)：BRy 和 BSy 设置如图 4.1 所示。

31	30	29	28	27	26	25	24	23	22	21	20	19	18	17	16
BR15	BR14	BR13	BR12	BR11	BR10	BR9	BR8	BR7	BR6	BR5	BR4	BR3	BR2	BR1	BR0
w	w	w	w	w	w	w	w	w	w	w	w	w	w	w	w
15	14	13	12	11	10	9	8	7	6	5	4	3	2	1	0
BS15	BS14	BS13	BS12	BS11	BS10	BS9	BS8	BS7	BS6	BS5	BS4	BS3	BS2	BS1	BS0
w	w	w	w	w	w	w	w	w	w	w	w	w	w	w	w

图 4.1 寄存器 GPIOx_BSRR 的设置

31~16 位是 BRy，GPIOx 对应引脚 x 复位位 y (Port x reset bit y) (y=16~31)，其中，

- 0：不会对相应的 ODRx 位执行任何操作；
- 1：对相应的 ODRx 位进行复位。

15~0 位是 BSy，GPIOx 对应引脚 x 置位位 y (Port x set bit y) (y=0~15)，其中，

- 0：不会对相应的 ODRx 位执行任何操作；

- 1：对相应的 ODRx 位进行置位。

(4) 1 个 32 位锁定寄存器 (GPIOx_LCKR)。

(5) 2 个 32 位复用功能选择寄存器(GPIOx_AFRH 和 GPIOx_AFRL)。

其中 x=A..I/J/K。对于寄存器的详细描述可以参考芯片的官方参考手册。

4.5.2 寄存器映射

每组 GPIO 对应的寄存器都设置一个存储地址，并且每组寄存器的存储地址都是连续的，这样知道每组 GPIO 的起始地址，就可以找到该组 GPIO 的每个寄存器的地址，因为每个寄存器的地址都是相对一个起始地址有一个偏移量，通过偏移量加起始地址找到该寄存器的地址。给有特定功能的内存单元取一个别名，这个别名就是经常说的寄存器，这种给已经分配好地址的有特定功能的内存单元取别名的过程就叫寄存器映射。

GPIO 的基地址及相对于 AHB1 总线的地址偏移如表 4.1 所示，可以看出，AHB1 总线的第一个外设就是 GPIOA。

表 4.1 GPIOx 基地址

外设名称	外设基地址	相对 AHB1 总线的地址偏移
GPIOA	0x4002 0000	0x0000 0000
GPIOB	0x4002 0400	0x0000 0400
GPIOC	0x4002 0800	0x0000 0800
GPIOD	0x4002 0C00	0x0000 0C00
GPIOE	0x4002 1000	0x0000 1000
GPIOF	0x4002 1400	0x0000 1400
GPIOG	0x4002 1800	0x0000 1800
GPIOH	0x4002 1C00	0x0000 1C00
GPIOI	0x4002 2000	0x0000 2000
GPIOJ	0x4002 2400	0x0000 2400
GPIOK	0x4002 2800	0x0000 2800

相对于每组 GPIO 的基地址，每个寄存器的偏移量如表 4.2 所示。

表 4.2 寄存器的偏移量

寄存器名称	相对基址的偏移
GPIOx_MODER	0x00
GPIOx_OTYPER	0x04
GPIOx_OSPEEDR	0x08
GPIOx_PUPDR	0x0C
GPIOx_IDR	0x10
GPIOx_ODR	0x14
GPIOx_BSRR	0x18
GPIOx_LCKR	0x1C
GPIOx_AFRL	0x20
GPIOx_AFRH	0x24

例如，GPIOB 的输入数据寄存器 GPIOB_IDR 的地址就是 GPIOB 基地址＋偏移＝
0x4002 0400＋0x10＝0x4002 0410。

4.6 实验步骤

4.6.1 硬件连接

把仿真器用 USB 线连接计算机，如果仿真器的灯亮表示正常，可以使用；把仿真器的另一端连接到开发板，给开发板上电；通过软件 Keil 下载程序到开发板。

本实验通过 STM32F4 微控制器控制 LED 灯的亮灭情况，只需将 LED 灯连到 3 个对应的 I/O 引脚上即可，如图 4.2 所示，连接时注意 LED 灯的正负极，并连接上适当的限流电阻以便保护 LED 灯。

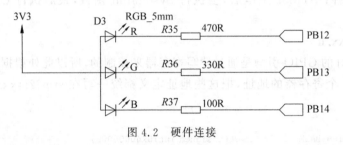

图 4.2 硬件连接

4.6.2 实验讲解

在该工程中，关键的文件有 3 个，分别为 startup_stm32f429_439xx.s、stm32f4xx.h 和 main.c，其中第一个文件直接从固件库中复制就可以了，后面两个文件是自己编写的。下面对这 3 个文件进行详细讲解。

1. startup_stm32f429_439xx.s

此文件使用汇编语言写好了基本程序，当 STM32 芯片上电启动时，首先会执行这里的汇编程序，从而建立起 C 语言的运行环境，所以这个文件称为启动文件。

对于启动文件部分，主要有两个功能，调用 SystemInit 函数配置 STM32 的系统时钟和设置 C 库的分支入口"__main"(最终用来调用 main 函数)。

在启动文件中有一段复位后立即执行的程序，代码如下：

```
176     ; Reset handler
177     Reset_Handler   PROC
178                     EXPORT  Reset_Handler              [WEAK]
179             IMPORT  SystemInit
180             IMPORT  __main
181
182                     LDR     R0, =SystemInit
183                     BLX     R0
184                     LDR     R0, =__main
185                     BX      R0
186                     ENDP
```

第 176 行是程序注释,在汇编里面注释用的是";";第 177 行定义了一个子程序 Reset_Handler,它是复位中断的中断服务例程的入口地址,PROC 是子程序定义伪指令;第 178 行的 EXPORT 表示 Reset_Handler 这个子程序可供其他模块调用。关键字[WEAK]表示弱定义,如果编译器发现在其他地方定义了同名的函数,则在链接时用其他地址进行链接,如果其他地方没有定义,编译器也不报错,以此处地址进行链接;第 179、180 两行的 IMPORT 说明 SystemInit 和 __main 这两个标号在其他文件中,在链接时需要到其他文件去寻找;第 182 行把 SystemInit 的地址加载到寄存器 R0;第 183 行程序跳转到 R0 中的地址执行程序,即执行 SystemInit 函数的内容;第 184 行把 __main 的地址加载到寄存器 R0;第 185 行程序跳转到 R0 中的地址执行程序,即执行 __main 函数,执行完跳转指令之后就会到我们熟知的 C 环境,进入 main 函数。

总之,看完这段代码后,了解到如下内容即可:需要在外部定义一个 SystemInit 函数设置 STM32 的时钟;STM32 上电后,会执行 SystemInit 函数,最后执行 C 语言中的 main 函数。

2. stm32f4xx.h

连接 LED 灯的 GPIO 引脚是通过读写寄存器来控制的,所以此处根据 STM32 的存储分配先定义好各个寄存器的地址,把这些地址定义都统一写在 stm32f4xx.h 文件中,代码如下:

```
#define PERIPH_BASE        ((unsigned int)0x40000000)

#define AHB1PERIPH_BASE    (PERIPH_BASE + 0x00020000)

#define GPIOB_BASE         (AHB1PERIPH_BASE + 0x0400)

#define GPIOB_MODER        *(unsigned int *)(GPIOB_BASE + 0x00)
#define GPIOB_OTYPER       *(unsigned int *)(GPIOB_BASE + 0x04)
#define GPIOB_OSPEEDR      *(unsigned int *)(GPIOB_BASE + 0x08)
#define GPIOB_PUPDR        *(unsigned int *)(GPIOB_BASE + 0x0C)
#define GPIOB_IDR          *(unsigned int *)(GPIOB_BASE + 0x10)
#define GPIOB_ODR          *(unsigned int *)(GPIOB_BASE + 0x14)
#define GPIOB_BSRR         *(unsigned int *)(GPIOB_BASE + 0x18)
#define GPIOB_LCKR         *(unsigned int *)(GPIOB_BASE + 0x1C)
#define GPIOB_AFRL         *(unsigned int *)(GPIOB_BASE + 0x20)
#define GPIOB_AFRH         *(unsigned int *)(GPIOB_BASE + 0x24)

#define RCC_BASE           (AHB1PERIPH_BASE + 0x3800)

#define RCC_AHB1ENR        *(unsigned int *)(RCC_BASE + 0x30)
```

具体的地址从固件库的同名文件可以查到,也和芯片数据手册一致。

3. main.c

根据硬件连接,main.c 文件主要完成对相应的 GPIO 寄存器进行配置。

(1) 确定引脚号(PB12、PB13、PB14);

(2) 配置 GPIOB_MODER 寄存器:输入模式/输出模式;

(3) 配置 GPIOB_OTYPER 寄存器：推挽模式/开漏模式；

(4) 配置 GPIOB_OSPEEDR 寄存器：输出速度；

(5) 配置 GPIOB_PUPDR 寄存器：上拉模式/下拉模式。

由于此次实验验证输出功能，所以可以不配置 GPIOH_PUPDR 寄存器，但由于上拉模式会小幅度提高电流输出能力，所以将其配置成上拉模式。

这里以配置 GPIOB12 引脚为例，介绍如何配置一个引脚为输出。

(1) 配置 GPIOB_MODER。将连接 LED 灯的 PB12 引脚配置成输出模式，即配置 GPIOB 的 MODER 寄存器。MODER 中包含 0~15 号引脚，每个引脚占用 2 个寄存器位。这 2 个寄存器位设置成 01 时即为 GPIO 的输出模式，代码如下：

```
GPIOB_MODER &= ~(0x03 << (2 * 12));

GPIOB_MODER |= (1 << 2 * 12);
```

(2) 配置 GPIOB_OTYPER。GPIO 输出有推挽和开漏两种类型，由于开漏类型不能直接输出高电平，要输出高电平还要在芯片外部接上拉电阻，这不符合硬件设计要求，所以直接使用推挽模式。配置 OTYPER 寄存中的 OTYPER12 寄存器位，该位设置为 0 时 PB12 引脚即为推挽模式，代码如下：

```
GPIOB_OTYPER &= ~(1 << 1 * 12);

GPIOB_OTYPER |= (0 << 1 * 12);
```

(3) 配置 GPIOB_OSPEEDR。GPIO 引脚的输出速度是引脚支持高低电平切换的最高频率，本实验可以随便设置。此处配置 OSPEEDR 寄存器中的寄存器位 OSPEEDR12 即可控制 PB12 的输出速度，代码如下：

```
GPIOB_OSPEEDR &= ~(0x03 << 2 * 12);

GPIOB_OSPEEDR |= (0 << 2 * 12);
```

(4) 配置 GPIOB_PUPDR。这里 GPIO 引脚用于输出，引脚受 ODR 寄存器影响，ODR 寄存器对应引脚位初始化后默认值为 0，引脚输出低电平，所以这时配置上拉/下拉模式都不会影响引脚电平状态。但因在此处上拉能小幅提高电流的输出能力，因此配置它为上拉模式，即配置 PUPDR 寄存器的 PUPDR12 位，设置为二进制值 01，代码如下：

```
GPIOB_PUPDR &= ~(0x03 << 2 * 12);

GPIOB_PUPDR |= (1 << 2 * 12);
```

(5) 控制引脚输出电平。在输出模式时，对 BSRR 寄存器和 ODR 寄存器写入参数即可控制引脚的电平状态。简单起见，此处使用 BSRR 寄存器控制，对相应的 BR12 位设置为 1 时 PB12 即为低电平，点亮 LED 灯，对它的 BS12 位设置为 1 时 PB12 即为高电平，关闭

LED 灯,代码如下:

```
GPIOB_BSRR |= (1<<16<<12);
GPIOB_BSRR |= (1<<12);
```

(6) 开启外设时钟。如果想要外设工作,必须把相应的时钟打开。STM32 芯片的所有外设的时钟由一个专门的外设来管理,叫 RCC(Reset and Clock Control),所有的 GPIO 都挂载到 AHB1 总线上,所以它们的时钟由 AHB1 外设时钟使能寄存器(RCC_AHB1ENR)来控制,其中 GPIOB 端口的时钟由该寄存器的位 1 写 1 使能,开启 GPIOB 端口时钟,代码如下:

```
RCC_AHB1ENR |= (1<<1);
```

4.6.3 创建工程

1. 准备工作

在创建工程之前,可以先在桌面建立一个文件夹 LED-REG,并在其下新建 3 个文件夹,分别命名为 CORE、StdLib、USR,当然这里文件的命名可以是任意的,如图 4.3 所示。

图 4.3 创建文件夹

启动 Keil μVision5,选择 Project→New μVision Project 会弹出一个文件选项,将新建的工程文件保存在之前建立的 LED-REG\USR 文件夹下,并取名为 led-reg,单击"保存"按钮,如图 4.4 所示。

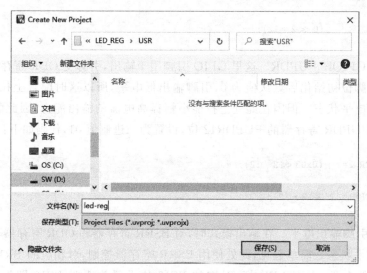

图 4.4 保存工程文件 led-reg

之后会出现如图 4.5 所示页面,选择对应的 ST 公司下的 STM32F429IGTx 芯片,然后单击 OK 按钮。

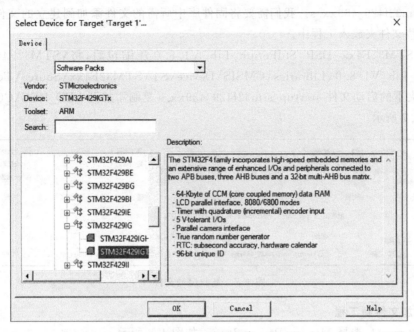

图 4.5　选择芯片

接着弹出 Manage Run-Time Environment 窗口,直接单击 OK 按钮即可,如图 4.6 所示。

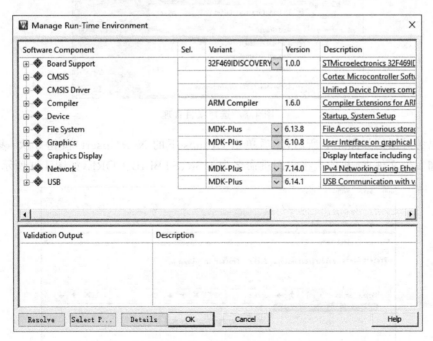

图 4.6　Manage Run-Time Environment 窗口

2. 添加固件库文件

这个实验直接通过对寄存器操作完成输出，因此固件库的文件，只需要一个启动文件 startup_stm32f429_439xx.s。我们需要将固件库中所需的文件添加到建立的文件夹中，然后再把这些文件夹放入工程中。

解压 STM32F4xx_DSP_StdPeriph_Lib_V1.8.0 压缩包后，将\STM32F4xx_DSP_StdPeriph_Lib_V1.8.0\Libraries\CMSIS\Device\ST\STM32F4xx\Source\Templates\arm 文件夹下的启动文件 startup_stm32f429_439xx.s 复制添加到 LED_REG\CORE 文件夹，如图 4.7 所示。

图 4.7　复制启动文件

3. 添加文件到工程

右击 Target1，选择 Manage Project Items，如图 4.8 所示。

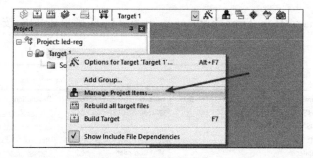

图 4.8　选择项目管理

弹出的对话框如图 4.9 所示，然后单击 Groups 下的 New(insert) 按钮 3 次，表示在工程中添加 3 个文件夹，并依次将它们重命名为 USR、STBLIB、CORE，如图 4.9 所示。

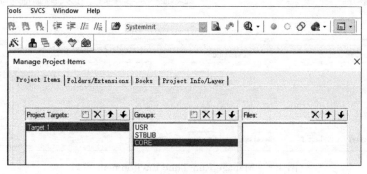

图 4.9　添加工程文件夹

新建文件夹后,分别向对应的文件夹中添加本次实验所需的.c、.h 或者.s 文件。单击 CORE 文件夹,单击 Add Files 按钮添加文件,添加启动文件 startup_stm32f429_439xx.s,如图 4.10 所示。

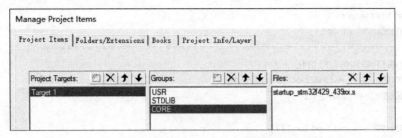

图 4.10 添加 CORE 下的文件

由于 main.c 和 stm32f4xx.h 是用户自己定义的,需要在项目中创建文件,因此在项目管理窗口单击 OK 按钮就可以了。

4. 创建 main.c 和 stm32f4xx.h

单击 Target1 文件夹,可以看到已经创建了 USR、STDLIB 和 CORE 3 个子文件夹,而且 CORE 下已经有文件,选中 USR,右击,就会出现一个菜单,选择 Add New Item to Group 'USR',如图 4.11(a)所示,这时就会弹出一个窗口,如图 4.11(b)所示,输入要添加文件的文件名,注意选择文件的类型,这次创建的是 main.c,因此是.c 文件。

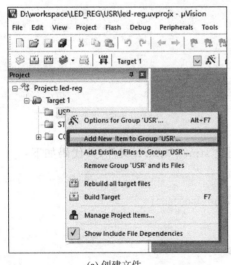

(a) 创建文件

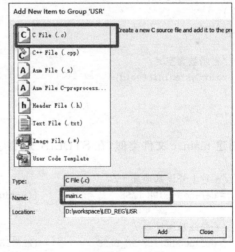

(b) 添加main.c文件

图 4.11 在 USR 文件夹中添加文件

文件 main.c 的代码如下:

```
#include "stm32f4xx.h"
/*  延迟函数  */
void DelayNS(int dly)
{   int i;
for(;dly>0;dly--)
```

```c
        for(i=0;i<50000;i++);
}
/* 主函数 */
int main(void)
{   /* 启动时钟 */
RCC_AHB1ENR |= (1<<1);
/*****************************************************/
/* LED 端口 GPIOB12 初始化 */
GPIOB_MODER &= ~(0x03<<(2*12));
GPIOB_MODER |= (1<<2*12);

GPIOB_OTYPER &= ~(1<<1*12);
GPIOB_OTYPER |= (0<<1*12);
GPIOB_OSPEEDR &= ~(0x03<<2*12);
GPIOB_OSPEEDR |= (0<<2*12);
GPIOB_PUPDR &= ~(0x03<<2*12);
GPIOB_PUPDR |= (1<<2*12);

while(1)
{
    GPIOB_BSRR |= (1<<16<<12);
    DelayNS(15);
    GPIOB_BSRR |= (1<<12);
    DelayNS (15);
}
}

/* 函数为空 */
void SystemInit(void)
{
}
```

与创建 main.c 文件类似,在 STDLIB 文件夹中创建 stm32f4xx.h 文件,其代码如下:

```c
/* 片上外设基地址 */
#define PERIPH_BASE            ((unsigned int)0x40000000)

/* 总线基地址 */
#define AHB1PERIPH_BASE        (PERIPH_BASE + 0x00020000)

/* GPIO 外设基地址 */
#define GPIOB_BASE             (AHB1PERIPH_BASE + 0x0400)

/* GPIOD 寄存器地址,强制转换成指针 */
#define GPIOB_MODER            *(unsigned int *)(GPIOB_BASE + 0x00)
#define GPIOB_OTYPER           *(unsigned int *)(GPIOB_BASE + 0x04)
#define GPIOB_OSPEEDR          *(unsigned int *)(GPIOB_BASE + 0x08)
#define GPIOB_PUPDR            *(unsigned int *)(GPIOB_BASE + 0x0C)
#define GPIOB_IDR              *(unsigned int *)(GPIOB_BASE + 0x10)
```

```
# define GPIOB_ODR         * (unsigned int * )(GPIOB_BASE + 0x14)
# define GPIOB_BSRR        * (unsigned int * )(GPIOB_BASE + 0x18)
# define GPIOB_LCKR        * (unsigned int * )(GPIOB_BASE + 0x1C)
# define GPIOB_AFRL        * (unsigned int * )(GPIOB_BASE + 0x20)
# define GPIOB_AFRH        * (unsigned int * )(GPIOB_BASE + 0x24)

/* RCC 外设基地址 */
# define RCC_BASE              (AHB1PERIPH_BASE + 0x3800)

/* RCC 的 AHB1 时钟使能寄存器地址,强制转换成指针 */
# define RCC_AHB1ENR       * (unsigned int * )(RCC_BASE + 0x30)
```

5. 配置参数

单击 Options for Target 'Target 1' 按钮,再单击 Device 选项卡,选择 ST 公司下芯片 stm32f429IGTx 系列。单击 Target 选项卡,选中 Use MicroLIB。单击 Output 选项卡,选中 Create HEX File,如图 4.12 所示。

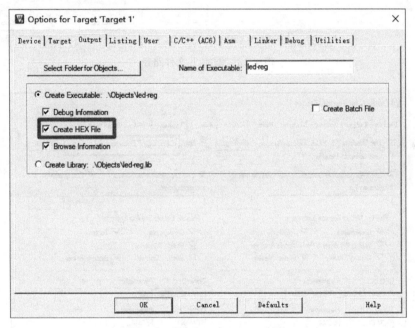

图 4.12 选中 Create HEX File

下面是最为重要的一步——添加宏定义以及添加.h 文件的路径。单击 C\C++(AC6) 选项卡,在 Define 文本框添加"USE_STDPERIPH_DRIVER,STM32F429_439xx";接着在 Include Paths 一栏添加含.h 的文件夹,单击右边有 3 个点的按钮,出现新的窗口;接着单击上边的按钮(New(Insert)),就会出现一个编辑窗口,再单击右边的 3 个点的按钮,将 StdLib 加入,单击 OK 按钮,最后效果如图 4.13 所示。

单击 Debug,设置仿真器,这里用的是 DAP 仿真器,故选择 SMSIS-DAP Debugger,如图 4.14 所示。

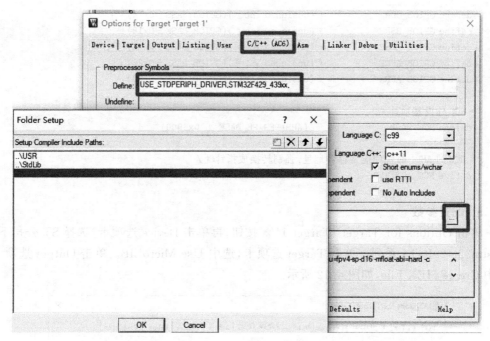

图 4.13 添加 .h 文件路径

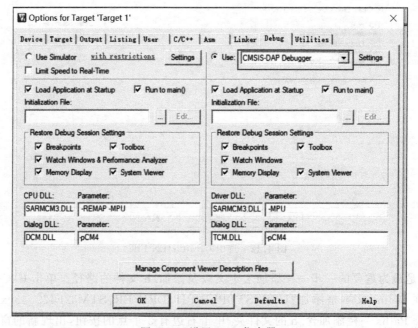

图 4.14 设置 DAP 仿真器

单击图 4.14 所示仿真器选择项旁边的 Settings 按钮,进入如图 4.15 所示的窗口,选择 DAP 仿真器的适配器。

单击 Flash Download,选中 Reset and Run,如图 4.16 所示,然后单击 OK 按钮,再次回到 Options for Target 'Target 1' 窗口。

实验4　GPIO设备编程—输出实验(寄存器点亮LED灯)

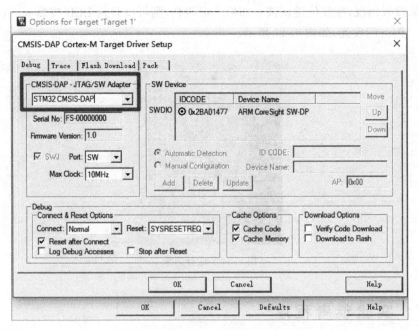

图 4.15　设置 DAP 仿真器的适配器

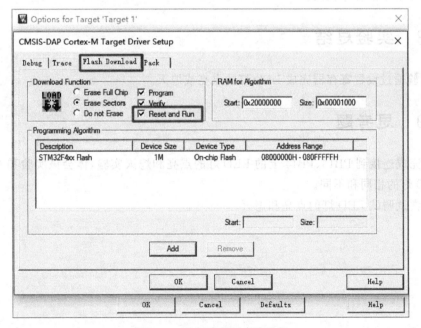

图 4.16　选择下载后直接运行

然后,单击 OK 按钮,完成配置。

4.6.4　编译并点亮 LED

单击 Project→Build Target 编译代码,成功后,选择 Flash→Download 下载程序到开发板。程序下载后,如果 Build Output 选项卡中输出 Application running…,则表示程序下载成功；如果没有出现，按复位键试试。如果一切顺利，则可以看到 LED 按照 main 函数中定义的那样一闪一闪发光，如图 4.17 所示。

图 4.17　运行结果

4.7　实验参考程序

见 4.6 节中的程序代码。

4.8　实验总结

该实验通过设置寄存器完成 LED 灯的点亮或熄灭。

4.9　思考题

（1）完成连接到 PB13、PB14 上的 LED 灯的点亮和熄灭实验，体会该实验和 GPIOB12 控制 LED 灯的相同和不同。

（2）尝试调试 LED 灯的点亮和熄灭。

实验 5 GPIO 设备编程—输出实验

（固态库点亮 LED 灯）

5.1 实验目的

- 掌握引脚连接模块的配置；
- 掌握固件库的使用；
- 熟悉代码的调试。

5.2 实验设备

1. 硬件

（1）PC 一台；
（2）STM32F429IGT6 核心板一块；
（3）DAP 仿真器一个；
（4）LED 灯 3 个；
（5）导线若干根；
（6）限流电阻若干只；
（7）面包板一块。

2. 软件

（1）Windows 7/8/10 系统；
（2）Keil μVision5 集成开发环境。

5.3 实验内容

本实验基于 Keil μVision5 集成开发环境，通过使用固件库，建立自己的工程模板。配置完引脚连接模块后，便可将编写好的一个最基本、最简单的真正实用的工程进行编译，并可将程序烧入开发板，驱动 ARM Cortex-M4 芯片，点亮 LED 灯，以达到本次实验的目的。

5.4 实验预习

- 了解 GPIO 的控制方法；
- 学习固件库的使用方法；
- 仔细阅读 Keil 相关资料，了解 Keil 工程编辑和调试的内容。

5.5 实验原理

实验 1 通过 STM32 的官方网站下载了 STM32F4 的固件库，在实验 4 中用到了一个启动文件 startup_stm32f429_439xx.s，通过该汇编程序初始化开发板，进入 main 函数。在实验 4 中，通过对 GPIO 端口对应的寄存器的配置，完成了对该端口上连接的 LED 灯的点亮与熄灭。在使用寄存器开发应用时，工程师需要对每个控制的寄存器都非常熟悉，并且在修改寄存器相应位时，需手工写入特定参数。开发者查看硬件手册中寄存器的说明，根据说明对照设置，以这样的方式配置寄存器时容易出错，并且代码不好理解，也不便于维护。

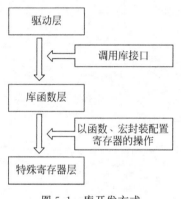

图 5.1 库开发方式

根据寄存器的地址特点，解决此问题的最好方法是使用软件库，而且芯片开发商也提供了这样的软件库，例如，ST 公司提供了 STM32 的标准函数库（也即固件库），这一固件库提供了通过函数设置访问寄存器的方法。

固件库是寄存器与用户驱动层之间的代码，向下处理与寄存器直接相关的配置，向上为用户提供配置寄存器的接口，如图 5.1 所示。

对于应用层需要操作的寄存器，以函数、宏定义的形式封装后，对这类寄存器的操作就可以通过调用这些接口函数完成对硬件寄存器的配置。与直接配置寄存器相比，只要用户配置好被调用函数的参数，就可以方便地使用了，这种配置通常都不会出错。

5.5.1 GPIO 寄存器的数据结构

回忆一下，在实验 4 中，每个 GPIO 组的 10 个寄存器的地址，是相对于其基地址连续的。比如 GPIOB 的基地址是 0x40020400，紧随它的是 10 个寄存器的地址，也就是说，这 10 个寄存器的地址是 0x40020400～0x40020424，寄存器的地址是基地址加偏移地址，偏移地址是连续递增的，这种方式与结构体中的成员类似。这样自然就会想到，通过结构体就可以表示这些寄存器了，结构体成员的顺序按照寄存器的偏移地址从低到高排列，成员类型与寄存器类型一样，设置成 32 位的无符号型。对寄存器的访问，只要知道基地址，就可通过类型转换成该结构体类型，那么对寄存器的访问就是对结构体成员的访问。

在固件库中，库文件 STM32F4xx_DSP_StdPeriph_Lib_V1.8.0\Libraries\CMSIS\Device\ST\STM32F4xx\Include\stm32xx.h 给出了常用寄存器结构体的定义，比如 GPIO

的 10 个寄存器的结构体的定义如下：

```
1471    typedef struct
1472    {
1473        __IO uint32_t MODER;
1474        __IO uint32_t OTYPER;
1475        __IO uint32_t OSPEEDR;
1476        __IO uint32_t PUPDR;
1477        __IO uint32_t IDR;
1478        __IO uint32_t ODR;
1479        __IO uint16_t BSRRL;
1480        __IO uint16_t BSRRH;
1481        __IO uint32_t LCKR;
1482        __IO uint32_t AFR[2];
1483    } GPIO_TypeDef;
```

其中类型的定义为

```
//volatile 表示易变的变量,防止编译器优化
#define __IO volatile
typedef unsigned int uint32_t;
typedef unsigned short uint16_t;
```

若要访问某个 GPIO，比如 GPIOB，则只需要在 stm32f4xx.h 中设置其首地址就可以了，代码如下：

```
2050    #define PERIPH_BASE            ((uint32_t)0x40000000)
2086    #define APB1PERIPH_BASE        PERIPH_BASE
2208    #define GPIOB_BASE             (AHB1PERIPH_BASE + 0x0400)
2386    #define GPIOB                  ((GPIO_TypeDef *) GPIOB_BASE)
```

定义了访问外设的结构体指针，通过强制把外设的基地址转换成 GPIO_TypeDef 类型的地址，通过结构体指针操作，可访问外设的寄存器。对于 GPIOB 的某个寄存器访问就可以通过结构体的成员访问。例如，清空 GPIOB MODER12，可以通过下面的代码完成：

```
GPIOB->MODER &= ~(0x3 << (2*12));
```

对寄存器的操作也可以通过调用接口函数完成。GPIO 的相关操作的头文件为\STM32F4xx_DSP_StdPeriph_Lib_V1.8.0\Libraries\STM32F4xx_StdPeriph_Driver\inc\stm32f4xx_gpio.h。而其他外设相关的接口函数都在文件夹\STM32F4xx_DSP_StdPeriph_Lib_V1.8.0\Libraries\STM32F4xx_StdPeriph_Driver\inc 中的头文件中，大家需要时可以去查找。

5.5.2 GPIO 初始化

由实验 4 可知，为了配置一个端口，需要配置 4 个寄存器，为了方便，可建立一个数据结构专门用于初始化端口，该数据结构在 stm32f4xx_gpio.h 中，代码如下：

```
typedef struct
{
    uint32_t GPIO_Pin;
    GPIOMode_TypeDef GPIO_Mode;
    GPIOSpeed_TypeDef GPIO_Speed;
    GPIOOType_TypeDef GPIO_OType;
    GPIOPuPd_TypeDef GPIO_PuPd;
}GPIO_InitTypeDef;
```

GPIO_Pin 指出是对哪个引脚进行初始化,而其他 4 个成员就是对应的 GPIO 的一个配置寄存器。GPIOMode_TypeDef、GPIOOType_TypeDef、GPIOSpeed_TypeDef 和 GPIOPuPd_TypeDef 都是枚举类型,定义如下:

```
typedef enum
{
    GPIO_Mode_IN    = 0x00, /*!< GPIO Input Mode */
    GPIO_Mode_OUT   = 0x01, /*!< GPIO Output Mode */
    GPIO_Mode_AF    = 0x02, /*!< GPIO Alternate function Mode */
    GPIO_Mode_AN    = 0x03  /*!< GPIO Analog Mode */
}GPIOMode_TypeDef;

typedef enum
{
    GPIO_OType_PP   = 0x00,
    GPIO_OType_OD   = 0x01
}GPIOOType_TypeDef;

typedef enum
{
    GPIO_Low_Speed     = 0x00, /*!< Low speed    */
    GPIO_Medium_Speed  = 0x01, /*!< Medium speed */
    GPIO_Fast_Speed    = 0x02, /*!< Fast speed   */
    GPIO_High_Speed    = 0x03  /*!< High speed   */
}GPIOSpeed_TypeDef;

typedef enum
{
    GPIO_PuPd_NOPULL = 0x00,
    GPIO_PuPd_UP     = 0x01,
    GPIO_PuPd_DOWN   = 0x02
}GPIOPuPd_TypeDef;
```

例如,需要配置一个引脚 GPIOB12,就可以通过下面的代码完成:

```
GPIO_InitTypeDef  GPIO_InitStructure
GPIO_InitStructure.GPIO_Pin = GPIO_Pin_12;
GPIO_InitStructure.GPIO_Mode = GPIO_Mode_OUT;
GPIO_InitStructure.GPIO_OType = GPIO_OType_PP;
```

```
GPIO_InitStructure.GPIO_Speed = GPIO_High_Speed;
GPIO_InitStructure.GPIO_PuPd = GPIO_PuPd_UP;
GPIO_Init(GPIOB, &GPIO_InitStructure);
```

解释如下：

(1) 定义一个特殊类型的结构体。

语句 GPIO_InitTypeDef   GPIO_InitStructure 定义了一个 GPIO_InitTypeDef 类型的结构体。

(2) 选择要控制的 GPIO 引脚。

语句 GPIO_InitStructure.GPIO_Pin＝GPIO_Pin_12 表示应用第 12 引脚。

(3) 设置引脚模式。

语句 GPIO_InitStructure.GPIO_Mode＝GPIO_Mode_OUT 定义该引脚的模式为输出模式。

(4) 设置推挽模式还是开漏模式。

语句 GPIO_InitStructure.GPIO_OType＝GPIO_OType_PP 定义引脚输出类型为推挽模式。

(5) 设置引脚速率。

语句 GPIO_InitStructure.GPIO_Speed＝GPIO_High_Speed 表示引脚速率为 100Hz。

(6) 设置上拉/下拉模式。

语句 GPIO_InitStructure.GPIO_PuPd＝GPIO_PuPd_UP 表示该引脚为上拉模式。

(7) 调用库函数，初始化 GPIOB12。

初始化语句为"GPIO_Init(GPIOB,＆GPIO_InitStructure);"，初始化引脚 GPIOB12。该函数是在 stm32f4_gpio.c 中定义的。另外，为了使这个引脚能够正常工作，还需要设置其时钟。

(8) 配置 GPIO 的外设时钟。

例如，"RCC_AHB1PeriphClockCmd(RCC_AHB1Periph_GPIOB,ENABLE);"开启了 GPIOB 的时钟，其中函数 RCC_AHB1PeriphClockCmd()是在固件库 stm32f4xx_rcc.c 中。总结一下，GPIO 的寄存器配置主要有两个步骤：配置 GPIO 时钟和配置 GPIO 寄存器。

5.6 实验步骤

5.6.1 硬件连接

本次实验将通过调用固件库，完成 LED 灯的点亮与熄灭，其硬件连接与实验 4 一样，如图 5.2 所示。

5.6.2 实验讲解

在该工程中，用户需要创建 3 个文件，分别为 led.h、led.c 以及 main.c，而在实验 4 中用户编写的 stm32f4xx.h 文件在本实验中不需要自己编写，直接复制固件库中的文件就可以了。

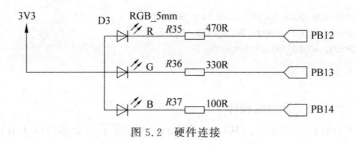

图 5.2 硬件连接

1. led.h

在本实验中是通过固件库来点亮连接在 GPIOB12 引脚上的 LED 灯,在此头文件中对引脚进行了宏定义,以便在引用时更直观,其代码如下:

```
#define LED1_PIN  GPIO_Pin_12
#define LED1_GPIO GPIOB
#define LED1_CLK  RCC_AHB1Periph_GPIOB
```

另外,通过一个函数来配置 GPIOB12。在 led.h 头文件中,对这个函数进行了说明,其代码如下:

```
/* 配置的函数说明 */
void LED_Config(void);
```

2. led.c

在该文件中完成对配置函数 LED_Config() 的定义,对引脚 GPIOB12 的配置在前面已经介绍了,此处不再赘述。应当注意的是,应包含头文件 led.h。

3. main.c

由于在 led.c 文件中有了配置函数,这里就非常简单了,只需要 3 步:

(1) 定义延迟函数。与前一个例子一样,在复制固态函数时,它的模板里有一个 main.h 文件,在这个文件中有对延迟函数的说明,该函数为 TimingDelay_Decrement,对这个函数的定义如下:

```
void TimingDelay_Decrement(void)
{
    int i,j;
    for(i = 0;i < 5;i++)
    {
        j = 5000000;
        while(j >= 0) j--;
    }
}
```

(2) 配置 GPIOB12 引脚。由于在 led.c 中定义了配置函数,在 main 函数中只需要调用就可以了:

```
LED_Config( );
```

(3) 点亮、熄灭 LED。通过一个 while(1) 循环完成。这里调用库函数完成 LED 灯的点亮与熄灭，这两个函数在 stm32f4xx_gpio.c 文件中：

```
GPIO_SetBits(LED1_GPIO, LED1_PIN)           /*点亮 LED1 灯*/
GPIO_ResetBits(LED1_GPIO, LED1_PIN)         /*熄灭 LED1 灯*/
```

5.6.3 创建工程

1. 准备工作

在创建工程之前，需要建立一个文件夹 ex5_LED，并在其下新建 6 个文件夹，分别命名为 CMSIS、CORE、Driver、INIT、Project 和 USR，如图 5.3 所示。

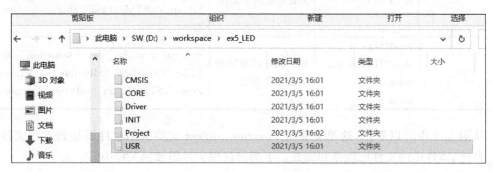

图 5.3 创建文件夹

启动 Keil μVision5，选择 Project→New μVision Project，会弹出一个文件选项，将新建的工程文件保存在之前建立的 ex5_LED\Project 文件夹下，并取名为 led，建立方法与实验 4 一样，单击"保存"按钮。

2. 添加固件库文件

将固件库中的各类所需的文件添加到我们建立的工程文件夹中。添加方法就是直接复制，具体的复制源和目的位置如表 5.1 所示。

表 5.1 复制固件库的文件

工程文件夹	复制文件	文件说明	固件库的位置
INIT	startup_stm32f429_439xx.s	初始化文件	…\en.stm32f4_dsp_stdperiph_lib\STM32F4xx_DSP_StdPeriph_Lib_V1.8.0\Libraries\CMSIS\Device\ST\STM32F4xx\Source\Templates\arm
CORE	stm32f4xx.h system_stm32f4xx.h	外设寄存器定义 用于系统初始化	…\en.stm32f4_dsp_stdperiph_lib\STM32F4xx_DSP_StdPeriph_Lib_V1.8.0\Libraries\CMSIS\Device\ST\STM32F4xx\Include
	system_stm32f4xx.c stm32f4xx_conf.h	用于配置系统时钟	…\en.stm32f4_dsp_stdperiph_lib\STM32F4xx_DSP_StdPeriph_Lib_V1.8.0\Project\STM32F4xx_StdPeriph_Templates

续表

工程文件夹	复制文件	文件说明	固件库的位置
CMSIS	include	内核相关的固件库	…\en.stm32f4_dsp_stdperiph_lib\STM32F4xx_DSP_StdPeriph_Lib_V1.8.0\Libraries\CMSIS\Include
Driver	inc 文件夹	外设.h 文件	…\en.stm32f4_dsp_stdperiph_lib\STM32F4xx_DSP_StdPeriph_Lib_V1.8.0\Libraries\STM32F4xx_StdPeriph_Driver\inc
Driver	src 文件夹	外设对应的.c 文件	…\en.stm32f4_dsp_stdperiph_lib\STM32F4xx_DSP_StdPeriph_Lib_V1.8.0\Libraries\STM32F4xx_StdPeriph_Driver\src
USR	stm32f4xx_it.c stm32f4xx_it.h main.c main.h	用户编写的程序和中断服务函数	…\en.stm32f4_dsp_stdperiph_lib\STM32F4xx_DSP_StdPeriph_Lib_V1.8.0\Project\STM32F4xx_StdPeriph_Templates

从表 5.1 中可以看出,这里主要将 libraries、project 文件夹的文件添加到工程文件夹中。自此,固件库的文件已经添加完成。下面将这些文件添加到工程中。

3. 创建文件

虽然将固件库中的 main.c 添加到了 USR 中,但需要重写里面的内容,main.c 代码如下:

```c
#include "stm32f4xx.h"
#include "./led/led.h"
#include "main.h"

void TimingDelay_Decrement(void)
{
    int i,j;
    for(i = 0;i < 5;i++)
    {
        j = 5000000;
        while (j >= 0 ) j--;
    }
}

int main()
{
    LED_Config();
    while(1)
    {
        GPIO_SetBits(LED1_GPIO, LED1_PIN);
        TimingDelay_Decrement( );
        GPIO_ResetBits(LED1_GPIO, LED1_PIN);
```

```
        TimingDelay_Decrement( );
    }
}
```

LED 灯是外设,我们需要在 USR 文件夹下创建文件夹 led,然后选择 File→New,创建一个文件,这时就会在编辑窗口出现一个名为 Text1 的编辑窗口,如图 5.4 所示。

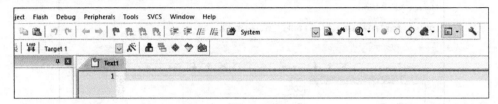

图 5.4 新建文件窗口

在此编辑窗口,写入代码:

```
#include "stm32f4xx.h"

/*引脚定义*/

/*LED*/
#define LED1_PIN GPIO_Pin_12
#define LED1_GPIO GPIOB
#define LED1_CLK RCC_AHB1Periph_GPIOB

/*初始化函数说明*/
void LED_Config(void);
```

输入完代码后,单击"保存"按钮,这时会弹出保存文件对话框,请选择 led 文件夹,输入文件名(文件名需要带扩展名)。由于这里建立的是库文件,所以起名为 led.h。

依此方法建立 led.c 文件,并保存在 led 文件夹中,该文件代码为:

```
/*LED*/
#include "./led/led.h"

void LED_Config()
{
GPIO_InitTypeDef   GPIO_InitStructure;

RCC_AHB1PeriphClockCmd(LED1_CLK, ENABLE);

    GPIO_InitStructure.GPIO_Pin = LED1_PIN ;
    GPIO_InitStructure.GPIO_Mode = GPIO_Mode_OUT;
    GPIO_InitStructure.GPIO_OType = GPIO_OType_PP;
    GPIO_InitStructure.GPIO_Speed = GPIO_High_Speed;
    GPIO_InitStructure.GPIO_PuPd = GPIO_PuPd_UP;
    GPIO_Init(GPIOB, &GPIO_InitStructure);
}
```

至此，文件创建完成。

4. 添加文件到工程

右击 Target1，选择 Manage Project Items 按钮，然后单击 Groups 下的 New(Insert) 按钮，在工程中添加 5 个组，并依次将它们重命名为 INIT、CORE、CMSIS、Driver、USR，这个 Groups 名可以与建立的文件夹名不一样，如图 5.5 所示。

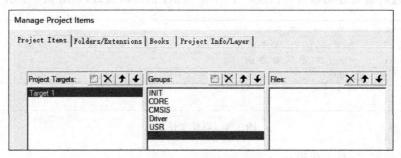

图 5.5 添加工程文件夹

新建文件夹后，分别在对应的文件夹里添加本次实验所需的 .c、.h 或者 .s 文件。

单击 INIT 组，单击 Add Files 按钮添加文件，添加文件夹 ex5-LED\INIT 下的 .s 启动文件，注意，默认类型是 .c 文件，将类型变为 .s 就可以看到 INIT 文件夹下的启动文件，如图 5.6 所示。

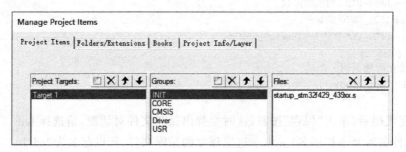

图 5.6 在 INIT 组添加启动文件

单击 CORE 组，单击 Add Files 按钮添加文件，添加文件夹 ex5-LED\CORE 中的一个 .c 文件，如图 5.7 所示。

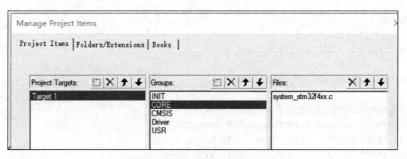

图 5.7 在 CORE 组添加文件

单击 Driver 组，单击 Add Files 按钮添加文件，添加文件夹 ex5-LED\Driver\src 中的所

有.c文件,如图5.8所示。

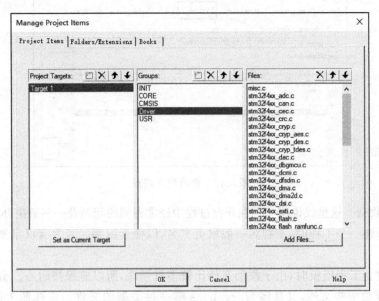

图5.8 在Driver组添加文件

单击USR组,单击Add Files按钮添加文件,添加文件夹ex5-LED\USR中的2个.c文件,以及ex5-LED\USR\led中的led.c文件,如图5.9所示。

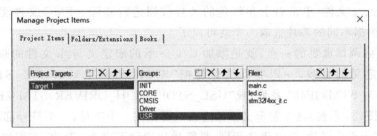

图5.9 在USR组添加文件

至此,全部文件添加完毕,单击OK按钮。

大家可能注意到了,CMSIS文件夹中没有任何文件添加到CMSIS组,这是由于这个文件夹都是内核的.h头文件,没有.c文件。

5. 配置参数

配置参数的方法与实验4完全一样,可以参照实验4进行配置,唯一不同的是包含路径需要根据本实验进行设置,如图5.10所示。

6. 点亮LED灯

单击 按钮编译代码,成功后,单击 按钮将程序下载到开发板,程序下载后,Build Output选项卡中如果出现Application running…,则表示程序下载成功;如果没有出现,按复位键试试。如果一切顺利,可以看到LED灯按照main函数中定义的那样一闪一闪发光,如图4.17所示。

7. 注意事项

由于种种复杂原因,在开发过程中总会遇到各种各样的问题,保持一份耐心与毅力坚持学

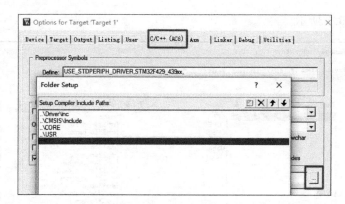

图 5.10　修改包含路径

下去,总会有收获。这里仅说明一下在开发过程中经常遇到的问题及一些解决办法和建议。

(1) 在新建一个工程时,工程名一般取英文名,以便于识别。若含有汉字则可能会出现乱码。

(2) 在建立工程模板时,由于添加文件比较多且烦琐,所以应保持耐心。分清具体哪一个文件夹下存放哪些文件,又具体为.c、.h、.s 哪一种类型的文件。应按照上面所讲,一步步操作,不要出错。

(3) 若芯片是 STM32F429-39xx,则要在 Files 中寻找 stm32f4xx_fsmc.c 文件,单击右上角红色的叉号按钮进行删除;若芯片是 STM32F407-41xx,也要在 Files 中寻找 stm32f4xx_fmc.c 文件,单击右上角红色的叉号按钮进行删除。FMC 文件实现的功能和 FSMC 一样,根据不同的芯片选取一个就可以了。

(4) 这里强调最重要的一点,就是添加 C/C++下的宏定义与.h 文件的路径问题。首先,在添加宏定义的时候,一定要弄清是要把"STM32F40_41xxx,USE_STDPERIPH_DRIVER"(针对 STM32F407 系列)或"USE_STDPERIPH_DRIVER,STM32F429_439xx"(针对 STM32F429 系列)这个宏定义添加进去。要记住一个字母,一个符号都不能错,否则会导致程序当中很多函数、定义无法识别,最终导致编译不成功;其次,在添加.h 文件的路径时,一定要把文件夹添加到你使用的那个.h 文件所在的那一层文件夹,切忌出错,否则必然导致所引用的.h 文件找不到出处,造成许多错误。

5.7　实验参考程序

5.7.1　led 文件夹

1. led.h

```
#include "stm32f4xx.h"

/*引脚定义*/
```

```c
/* 绿色 LED 灯 */
#define LED1_PIN GPIO_Pin_12
#define LED1_GPIO GPIOB
#define LED1_CLK RCC_AHB1Periph_GPIOB

/* 初始化函数的说明 */
void LED_Config(void);
```

2. led.c

```c
#include "./led/led.h"

void LED_Config()
{
    /* 定义一个 GPIO_InitTypeDef 类型的变量 */
    GPIO_InitTypeDef  GPIO_InitStructure;
    RCC_AHB1PeriphClockCmd(LED1_CLK, ENABLE);
    /* 设置控制的引脚号 */
    GPIO_InitStructure.GPIO_Pin = LED1_PIN ;
    /* 设置该引脚为输出类型 */
    GPIO_InitStructure.GPIO_Mode = GPIO_Mode_OUT;
    /* 设置其类型为推挽模式 */
    GPIO_InitStructure.GPIO_OType = GPIO_OType_PP;
    /* 设置其引脚速度 */
    GPIO_InitStructure.GPIO_Speed = GPIO_High_Speed;
    /* 定义一个 GPIO_InitTypeDef 类型的变量 */
    GPIO_Init (LED1_GPIO, &GPIO_InitStructure) ;

}
```

5.7.2　main.c

```c
#include "stm32f4xx.h"
#include "./led/led.h"
#include "main.h"

void TimingDelay_Decrement(void)
{
    int i,j;
    for(i = 0;i < 5;i++)
    {
        j = 5000000;
        while (j >= 0) j--;
    }
}

int main()
```

```
{
    LED_Config();
    while(1)
    {
        GPIO_SetBits(LED1_GPIO, LED1_PIN);
        TimingDelay_Decrement();
        GPIO_ResetBits(LED1_GPIO, LED1_PIN);
        TimingDelay_Decrement();
    }
}
```

5.8 实验总结

本实验利用固件库完成 LED 灯的点亮,该工程项目也是后面项目的工程模板,后面的实验将利用此工程模板完成实验。

5.9 思考题

(1) 关于 STM32 的寄存器开发与库开发各有什么优缺点？我们应该如何合理地选用开发方式,从而达到想要的效果？

(2) 完成连接到 GPIOB13、GPIOB14 上的 LED 灯的亮灯灭灯实验,并体会和实验 4 的不同和相同之处。

实验 6　GPIO 设备编程—输入实验

EXPERIMENT 6

6.1　实验目的

- 掌握通过固件库配置 GPIO 引脚的方法；
- 掌握使用 GPIO 输入模式读取引脚数据的方法；
- 熟悉代码的调试过程；

6.2　实验设备

1. 硬件

（1）PC 一台；
（2）STM32F429JGT6 核心板一块；
（3）DAP 仿真器一个；
（4）蜂鸣器一个；
（5）按键一个；
（6）导线若干根；
（7）面包板一块。

2. 软件

（1）Windows 7/8/10 系统；
（2）Keil μVision5 集成开发环境。

6.3　实验内容

本实验基于 Keil μVision5 集成开发环境，可以使用在实验 5 创建的工程模板建立本实验。通过使用固件库，配置引脚连接模块后，建立外设按键和蜂鸣器的驱动，然后通过按键控制蜂鸣器，实现按一下按键，蜂鸣器开始鸣叫，再按一下按键，蜂鸣器关闭鸣叫，依次反复。

6.4 实验预习

- 了解 GPIO 的输入/输出的控制方法；
- 学习如何在已有的工程模板下建立工程；
- 仔细阅读 Keil 相关资料，了解 Keil 工程编辑和调试的内容。

6.5 实验原理

6.5.1 GPIO 配置寄存器的设置

回忆一下，在实验 5 中，通过数据结构 GPIO_TypeDef 类型定义每组 GPIO 的 10 个寄存器，运用对结构体的访问完成对每个寄存器的访问。

在对引脚初始化时，注意设置输入时的参数。

6.5.2 GPIO 初始化

从实验 5 可以看出，可以通过给一个数据类型为 GPIO_InitTypeDef 的变量进行赋值以完成相关的配置。例如，有一个按键接在 GPIOC8 引脚上，则定义变量 GPIO_InitStructure 如下：

```
GPIO_InitTypeDef  GPIO_InitStructure;
GPIO_InitStructure.GPIO_Pin = GPIO_Pin_8;
GPIO_InitStructure.GPIO_Mode = GPIO_Mode_IN;
GPIO_InitStructure.GPIO_PuPd = GPIO_PuPd_NOPULL;
GPIO_Init(GPIOC, &GPIO_InitStructure);
```

其中 GPIO_Mode_IN 表示设置该引脚为输入，在输入模式下，不需要设置 GPIO_OType 和 GPIO_Speed。对于蜂鸣器，由于它是输出设备，其初始化配置与实验 5 的 LED 配置是完全一样的。例如，蜂鸣器被接到 GPIOC9 引脚上，其代码如下：

```
GPIO_InitTypeDef  GPIO_InitStructure;
GPIO_InitStructure.GPIO_Pin = GPIO_Pin_9;
GPIO_InitStructure.GPIO_Mode = GPIO_Mode_OUT;
GPIO_InitStructure.GPIO_OType = GPIO_OType_PP;
GPIO_InitStructure.GPIO_Speed = GPIO_High_Speed;
GPIO_InitStructure.GPIO_PuPd = GPIO_PuPd_UP;
GPIO_Init(GPIOC, &GPIO_InitStructure);
```

这两个输入/输出设备都需要开启外设时钟，由于它们都是连接到 GPIOC 上的，因此，开启的方法是一样的：

```
RCC_AHB1PeriphClockCmd(RCC_AHB1Periph_GPIOC, ENABLE);
```

6.6 实验步骤

6.6.1 硬件连接

本次实验将通过调用固态库,完成按键的输入和蜂鸣器的鸣叫,其硬件连接如图 6.1 所示。

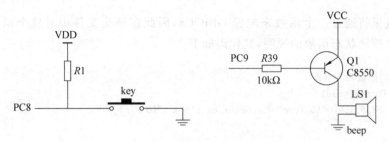

图 6.1 硬件连接

使用 GPIOC8 引脚连接一个独立按键 key,当 key 键被按下时,GPIOC8 引脚上的电平为 0;当放开 key 键时,上拉电阻将 GPIOC8 引脚拉到高电平,其电平为 1。

6.6.2 实验讲解

在该工程中,用户需要创建 5 个文件,分别为 beep.h、beep.c、key.h、key.c 以及 main.c。

1. beep.h

在本实验中,蜂鸣器连接在 GPIOC9 引脚上,利用按键来控制其鸣叫或停止鸣叫,其头文件中对引脚进行了宏定义,以便在引用时更直观,其代码如下:

```
#define BEEP_PIN GPIO_Pin_9
#define BEEP_GPIO GPIOC
#define BEEP_CLK RCC_AHB1Periph_GPIOC
```

另外,这里将通过一个函数配置 GPIOC9,因此在该头文件中对这个函数进行了说明,其代码如下:

```
/*配置的函数说明*/
void BEEP_Config(void);
```

2. beep.c

在这个文件中完成对配置函数 BEEP_Config() 的定义,对引脚 GPIOC9 的配置,其代码类似实验 5 的代码,此处不再赘述。需要注意的是,应包含头文件 beep.h。

3. key.h

连接在 GPIOC8 引脚上的独立按键 key 用于控制蜂鸣器鸣叫或停止鸣叫,其头文件中对引脚进行了宏定义,以便在引用时更直观。另外,为了表示按键按下和松开,这里也定义

了两个宏,其代码如下:

```
#define KEY_PIN GPIO_Pin_8
#define KEY_GPIO GPIOC
#define KEY_CLK RCC_AHB1Periph_GPIOC

#define KEY_ON 0
#define KEY_OFF 1
```

另外,这里将通过一个函数来配置 GPIOC8,因此在该头文件中对这个函数进行了说明,还有一个按键状态函数的说明,其代码如下:

```
/*配置的函数说明*/
voidKEY_Config(void);
uint8_t KEY_State(GPIO_TypeDef * GPIOx,uint16_t GPIO_Pin)
```

4. key.c

在这个文件中完成了对配置函数 KEY_Config() 的定义和对引脚 GPIOC8 的配置,其代码见 6.5.2 节,此处不再赘述。

独立按键有两种状态:按下和松开,在一直按下时,是作为一个状态处理的,只有松开才转换到另一个状态,因此,这里需要一个函数,用来返回按键的状态,其代码如下:

```
uint8_t   KEY_State(GPIO_TypeDef * GPIOx,uint16_t   GPIO_Pin)
{
    if(GPIO_ReadInputDataBit(GPIOx,GPIO_Pin) == KEY_ON )
    {
        while(GPIO_ReadInputDataBit(GPIOx,GPIO_Pin) == KEY_ON);
        return KEY_ON;
    }
    else
        return KEY_OFF;
}
```

函数 GPIO_ReadInputDataBit() 是库文件 stm32f4xx_gpio.c 中的函数,用于读取相应引脚上的输入数据寄存器的值。while 循环用于判断当前按键是否一直处于按下状态,若是,就一直等待,直到按键松开,这时再设置按键状态。

5. main.c

由于在 beep.c 和 key.c 文件中有了对蜂鸣器和独立按键的配置函数,所以这里就非常简单了,只需要 3 步:

(1) 定义延迟函数,直接应用实验 5 的延迟函数即可。

(2) 配置 beep 和 key 引脚。由于在 beep.c 和 key.c 中已经定义了配置函数,在 main() 函数中只需要调用就可以了:

```
BEEP_Config(void);
KEY_Config(void);
```

(3) 蜂鸣器鸣叫或不鸣叫，通过一个 while(1) 循环完成控制。在循环体中，第一次按键，当放开时，状态函数 KEY_State() 返回为 KEY_ON，蜂鸣器鸣叫；再次按键，需要翻转，关闭蜂鸣器。这里可以调用一个翻转函数设置蜂鸣器相应位的数据寄存器的值，见下面的代码：

```
GPIO_ToggleBits(BEEP_GPIO, BEEP_PIN);
```

则 while 循环的代码如下：

```
while(1)
{
    if(KEY_State(KEY_GPIO,KEY_PIN) == KEY_ON  )
    {
        GPIO_ToggleBits(BEEP_GPIO, BEEP_PIN);
    }
}
```

6.6.3 创建工程

1. 准备工作——创建工程模板

由于在实验 5 中已经建立好一个可用工程，在这里就利用实验 5 创建以后所有实验可用的工程模板。其步骤如下：

(1) 创建 template 文件夹，将实验 5 ex5_led 文件夹中的全部文件复制到新建的文件夹中。

(2) 将 template→Project 文件夹中的内容全部删除，保留 Project 文件夹。

(3) 将 template→USR→led 文件夹以及里面的文件一同删除。

(4) 这样，就形成了一个工程模板，以后创建工程时就可以先把 template 文件夹复制一份，然后修改此文件夹的名字，形成对应工程的文件夹。

2. 基于工程模板创建新工程

将工程模板 template 复制一份到工程目录下，并修改该文件夹的名字，这里改为 ex6_KEY。启动 Keil μVision5，选择 Project→New μVision Project 会弹出一个文件选项，将新建的工程文件保存在之前建立的 ex6_KEY\Project 文件夹下，并取名为 key，单击"保存"按钮。

3. 创建文件

1) beep.c 和 beep.h 文件

与实验 5 一样，在 USR 文件夹下创建文件夹 beep，并在文件夹 beep 下创建文件 beep.c 和 beep.h。

2) key.c 和 key.h 文件

在 USR 文件夹下创建文件夹 key，并在文件夹 key 下创建文件 key.c 和 key.h。

3) 修改 main.c 文件

在 USR 文件夹中有 main.c 文件，但要修改其代码，不用修改函数 void TimingDelay_Decrement(void) 的定义。

4. 添加文件到工程

添加的文件除了 USR 组以外，其余的都与实验 5 一样，此处不再赘述。

单击 USR 组，单击 Add Files 按钮添加文件，添加文件夹 ex6_KEY\USR 中的两个 .c 文件，以及 ex6-KEY\USR\key 和 ex6_KEY\USR\beep 中的 .c 文件，如图 6.2 所示。

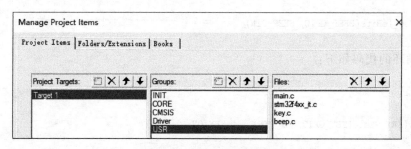

图 6.2 USR 组添加文件

至此，全部文件添加完毕，单击 OK 按钮。

5. 配置参数

配置参数的方法与实验 4 完全一样，可以参照实验 4 进行配置，注意包含路径需要根据本实验进行设置。

6. 运行

单击 按钮编译代码，成功后，单击 按钮将程序下载到开发板。程序下载后，在 Build Output 选项卡中如果出现 Application running⋯，则表示程序下载成功；如果没有出现，按复位键试试。第一次按键时，蜂鸣器鸣叫，再次按键，蜂鸣器关闭。

6.7 实验参考程序

1. 文件夹 beep

1) beep.h

```
#include "stm32f4xx.h"

/*引脚定义*/
#define BEEP_PIN GPIO_Pin_9
#define BEEP_GPIO GPIOC
#define BEEP_CLK RCC_AHB1Periph_GPIOC

/*配置说明函数*/
void BEEP_Config(void);
```

2) beep.c

```
#include "./beep/beep.h"
```

```c
void BEEP_Config()
{
    GPIO_InitTypeDef   GPIO_InitStructure;          /*定义一个 GPIO_InitTypeDef 类型的变量*/
    RCC_AHB1PeriphClockCmd(BEEP_CLK, ENABLE);
    GPIO_InitStructure.GPIO_Pin = BEEP_PIN;         /*设置控制的引脚号*/
    GPIO_InitStructure.GPIO_Mode = GPIO_Mode_OUT;   /*设置该引脚为输出类型*/
    GPIO_InitStructure.GPIO_OType = GPIO_OType_PP;  /*设置其类型为推挽模式*/
    GPIO_InitStructure.GPIO_Speed = GPIO_High_Speed;/*设置其引脚速度*/
    GPIO_InitStructure.GPIO_PuPd = GPIO_PuPd_UP;    /*设置为上拉模式*/
    GPIO_Init(BEEP_GPIO, &GPIO_InitStructure);      /*调用库函数,初始化 GPIOC9 引脚*/
}
```

2. 文件夹 key

1) key.h

```c
#ifndef __KEY_H
#define __KEY_H

#include "stm32f4xx.h"

//引脚定义
#define KEY1_PIN                GPIO_Pin_8
#define KEY1_GPIO               GPIOC
#define KEY1_GPIO_CLK           RCC_AHB1Periph_GPIOC

/** 按键按下标志宏
 * 按键按下为高电平,设置 KEY_ON = 1,KEY_OFF = 0
 * 若按键按下为低电平,把宏设置成 KEY_ON = 0,KEY_OFF = 1 即可
 */
#define KEY_ON  0
#define KEY_OFF 1

void Key_GPIO_Config(void);
uint8_t Key_Scan(GPIO_TypeDef * GPIOx,u16 GPIO_Pin);

#endif /* __LED_H */
```

2) key.c

```c
#include "./key/key.h"

void Key_GPIO_Config(void)
{
    GPIO_InitTypeDef GPIO_InitStructure;

    /*开启按键 GPIO 口的时钟*/
    RCC_AHB1PeriphClockCmd(KEY1_GPIO_CLK,ENABLE);
    /*选择按键的引脚*/
```

```c
    GPIO_InitStructure.GPIO_Pin = KEY1_PIN;
    /*设置引脚为输入模式*/
    GPIO_InitStructure.GPIO_Mode = GPIO_Mode_IN;
    /*设置引脚不上拉也不下拉*/
    GPIO_InitStructure.GPIO_PuPd = GPIO_PuPd_NOPULL;
    GPIO_Init(KEY1_GPIO , &GPIO_InitStructure);
}

uint8_t Key_Scan(GPIO_TypeDef * GPIOx,uint16_t GPIO_Pin)
{
    /*检测是否有按键按下*/
    if(GPIO_ReadInputDataBit(GPIOx,GPIO_Pin) == KEY_ON )
    {
        /*等待按键释放*/
        while(GPIO_ReadInputDataBit(GPIOx,GPIO_Pin) == KEY_ON);
        return KEY_ON;
    }
    else
        return KEY_OFF;
}
```

3. main.c

```c
#include "stm32f4xx.h"
#include "./beep/beep.h"
#include "./key/key.h"
#include "main.h"

void TimingDelay_Decrement(void)
{
    int i,j;
    for(i = 0;i < 5;i++)
    {
        j = 5000000;
        while (j >= 0 ) j--;
    }
}

int main()
{
    BEEP_Config();
    Key_GPIO_Config();

    while(1)
    {
        if(Key_Scan(KEY1_GPIO,KEY1_PIN) == KEY_ON)
        {
            GPIO_ToggleBits(BEEP_GPIO, BEEP_PIN);
            TimingDelay_Decrement();
        }
    }
}
```

6.8 实验总结

本实验建立了工程模板,完成了通过按键控制蜂鸣器的实验。

6.9 思考题

(1) 独立键是一个机械装置,有时会出现抖动,如何编写代码去掉抖动?
(2) 完成通过按键控制 LED 的灭亮。
(3) 完成通过按键同时控制 LED 和蜂鸣器。

实验 7　外部中断实验

EXPERIMENT 7

7.1　实验目的

- 熟悉 Keil μVision5 集成开发环境及其使用方法；
- 理解中断的概念、响应过程及其在嵌入式系统中的应用；
- 熟悉嵌入式微控制器中 NVIC 的配置和使用；
- 熟悉嵌入式微控制器中外部中断的控制。

7.2　实验设备

1. 硬件

(1) PC 一台；
(2) STM32F429IGT6 核心板一块；
(3) DAP 仿真器一个；
(4) 按键一个；
(5) LED 灯一个；
(6) 导线若干根；
(7) 面包板一块。

2. 软件

(1) Windows 7/8/10 系统；
(2) Keil μVision5 集成开发环境。

7.3　实验内容

7.3.1　实验题目

利用 GPIO 外部中断翻转 LED 灯状态。通过 GPIO 口作为外部中断源，实现按键控制 LED 灯的亮灭状态。

7.3.2 实验描述

将 LED 灯连接至 STM32F4 芯片的 PE0 引脚，并设置 LED 灯的状态标志变量为 status。将按键 KEY1 连接至 STM32F4 芯片的 PC8 引脚，并分配外部中断线 1。当按键 KEY1 按下时，引脚电平被拉低，同时将触发外部中断。进入中断处理函数后，改变 status 的值。通过改变 status 在主函数中改变 LED 灯的亮灭状态。

7.4 实验预习

- 了解 GPIO 引脚的初始化以及输入/输出；
- 仔细阅读外部中断的相关资料，了解外部中断的原理和实现方法；
- 设计和实现 LED 灯的亮灭控制。

7.5 实验原理

7.5.1 外部中断的原理

ARM Cortex-M4 微处理器中包含一个外部中断/事件控制器（External Interrupt/Event Controller，EXTI），用于管理微处理器中的外部中断/事件线。每个中断/事件线都对应一个边沿检测器，可以实现输入信号的上升沿或下降沿检测。EXTI 可以对每个中断/事件线进行单独配置，配置可以为中断或者事件，也可以是触发事件的属性。EXTI 还包含一个挂起寄存器，用于记录每个中断/事件线的状态。

要产生中断/事件，就必须进行中断/事件线的配置。首先，应根据实际情况选择中断/事件的边沿触发信号，据此设置两个触发选择寄存器，同时在中断/事件屏蔽寄存器相应位写 1 允许中断/事件请求。当外部中断/事件线发生了配置的边沿触发信号时，将产生一个中断/事件请求，对应挂起位将被置 1。在挂起寄存器对应位写 1 将清除该中断。通过在软件中断/事件寄存器写 1，也可以通过软件产生中断/事件请求。

1. ARM Cortex-M4 支持的外部中断/事件

ARM Cortex-M4 每个 I/O 都可以作为外部中断输入，EXTI 支持如下 23 个外部中断/事件的请求：

- EXTI 线 0~15：对应外部 I/O 口的输入中断；
- EXTI 线 16：连接到 PVD 输出；
- EXTI 线 17：连接到 RTC 闹钟事件；
- EXTI 线 18：连接到 USB OTG FS 唤醒事件；
- EXTI 线 19：连接到以太网唤醒事件；
- EXTI 线 20：连接到 USB OTG HS（在 FS 中配置）唤醒事件；
- EXTI 线 21：连接到 RTC 入侵和时间戳事件；
- EXTI 线 22：连接到 RTC 唤醒事件。

在 EXTI 线 0~15 中，GPIOA0，GPIOB0，…，GPIOI0/J0/K0 对应的是 EXTI0 的输入

中断,GPIOA1,GPIOB1,…,GPIOI1/J1/K1 对应的是 EXTI1 的输入中断,以此类推,GPIOA15,GPIOB15,…,GPIOI15/J15/K15 对应的是 EXTI15 的输入中断,可以看出,每一组中同时只能有一个中断触发源工作。

2. 中断向量的选择

ARM Cortex-M4 的 I/O 口外部中断在中断向量表中分配了如下 7 个中断向量:
- EXTI0_IRQHandler;
- EXTI1_IRQHandler;
- EXTI2_IRQHandler;
- EXTI3_IRQHandler;
- EXTI4_IRQHandler;
- EXTI9_5_IRQHandler;
- EXTI15_10_IRQHandler。

通过上面的函数可以发现,外部中断线 0~4 与外部中断向量一一对应,而外部中断线 5~9 只分配一个中断向量,共用一个中断服务函数,外部中断 10~15 也只分配一个中断向量,共用一个中断服务函数。

7.5.2 外部中断编程的基本方法

为使用一个 I/O 引脚作为外部中断源,必须要进行以下设置:
(1) 设置 I/O 引脚为输入模式;
(2) 设置 I/O 口与中断线的映射关系;
如 KEY1 是连接在 GPIOE1 上,其代码如下:

```
SYSCFG_EXTILineConfig(EXTI_PortSourceGPIOE,GPIO_PinSource1);
```

(3) 设置外部中断的模式、触发等属性。

通过下面的结构体 EXTI_InitTypeDef 进行定义,该结构体在 stm32f4xx_exti.h 中,定义的详情如下:

```
typedef struct
{
  uint32_t EXTI_Line;
  EXTIMode_TypeDef EXTI_Mode;
  EXTITrigger_TypeDef EXTI_Trigger;
  FunctionalState EXTI_LineCmd;
}EXTI_InitTypeDef;
```

可以通过定义上述结构体的变量来进行初始化:

```
EXTI_InitTypeDef EXTI_InitStruct;
```

在结构体 EXTI_InitTypeDef 中,成员 EXTI_Line 说明要使能(ENABLE)或者禁用(DISABLE)哪个外设线,这里 KEY1 连接的是外部中断 EXTI_Line1,其设置为

```
EXTI_InitStructure.EXTI_Line = EXTI_LINE1;
```

成员 EXTI_Mode 表示 EXTI 的模式,模式包括中断模式和事件模式。由于本例是中断,因此设置为中断模式:

```
EXTI_InitStructure.EXTI_Mode = EXTI_Mode_Interrupt;
```

成员 EXTI_Trigger 表示该中断触发的沿是上升沿、下降沿还是变化沿(上升下降沿)。比如在本例是下降沿:

```
EXTI_InitStructure.EXTI_Trigger = EXTI_Trigger_Falling;
```

成员 EXTI_LineCmd 设置当前选择的中断线状态是使能还是禁用,本例设置为使能:

```
EXTI_InitStructure.EXTI_LineCmd = ENABLE;
```

为各个成员都设置好参数,调用初始化函数,完成中断线的初始化:

```
EXTI_Init(&EXTI_InitStructure);
```

(4) 初始化 NVIC_InitTypeDef 结构体。

配置中断优先级分组,设置抢占优先级和子优先级,使能中断请求。NVIC_InitTypeDef 结构体在 misc.h 中进行定义,定义的详情如下:

```
typedef struct
{
  uint8_t NVIC_IRQChannel;
  uint8_t NVIC_IRQChannelPreemptionPriority;
  uint8_t NVIC_IRQChannelSubPriority;
  FunctionalState NVIC_IRQChannelCmd;
} NVIC_InitTypeDef;
```

可以通过定义上述结构体的成员来进行初始化:

```
NVIC_InitTypeDef    NVIC_InitStructure;
```

① NVIC_IRQChannel:用来设置中断源,不同的中断其中断源不一样,且不可写错,即使写错了程序也不会报错,但会导致不想要的中断。具体的成员配置可参考 stm32f4xx.h 头文件里中的 IRQn_Type 结构体定义,这个结构体包含了所有的中断源。例如在本实验中,KEY1 连接到 GPIOE1 上,其中断源是 EXTI1_IRQn,它的设置如下:

```
NVIC_InitStructure.NVIC_IRQChannel = EXTI1_IRQn;
```

② NVIC_IRQChannelPreemptionPriority:抢占优先级,具体的值要根据优先级分组来确定。SMT32 采用分组方式来生成多种灵活的优先级策略,优先级在中断优先级寄存器

NVIC_IPRx(在 F429 中 x=0~90)配置,数值越小,优先级越高。IPR 宽度为 8 位,只占有高 4 位,这 4 位又被分组成抢占优先级和子优先级。如有多个中断同时响应:
- 抢占优先级高的就会抢占优先级低的,其优先得到执行;
- 如果抢占优先级相同,就比较子优先级;
- 如果抢占优先级和子优先级都相同,则比较它们的硬件中断编号,编号越小,优先级越高。

每组可根据对 4 位的划分来确定主优先级(抢占优先级)和子优先级所能表达的优先级个数。通过寄存器 AIRCR 的 PRIGROUP[10:8]位决定。具体分组情况见表 7.1。

表 7.1 优先级分组真值表

优先级分组	主优先级	子优先级	描述
NVIC_PriorityGroup_0	0	0~15	主—0 位,子—4 位
NVIC_PriorityGroup_1	0~1	0~7	主—1 位,子—3 位
NVIC_PriorityGroup_2	0~3	0~3	主—2 位,子—2 位
NVIC_PriorityGroup_3	0~7	0~1	主—3 位,子—1 位
NVIC_PriorityGroup_4	0~15	0	主—4 位,子—0 位

例如,在本实验中,设置为 Group_3,设置组调用下面的函数完成:

```
NVIC_PriorityGroupConfig(NVIC_PriorityGroup_3);
```

该设置函数需要在 NVIC_InitStructure 变量设置前调用。

NVIC_IRQChannelPreemptionPriority 设置的主优先级为 3,表示占 3 位,其值为 0~7,其代码如下:

```
NVIC_InitStructure.NVIC_IRQChannelPreemptionPriority = 3;
//抢占优先级 3
```

③ NVIC_IRQChannelSubPriority:子优先级,由于设置的是 Group_3,则子优先级占 1 位,取值为 0 或 1,这里设置为 1,其代码如下:

```
NVIC_InitStructure.NVIC_IRQChannelSubPriority = 1;
//子优先级 1
```

④ NVIC_IRQChannelCmd:中断使能(ENABLE)或者禁用(DISABLE),操作的是 NVIC_ISER 和 NVIC_ICER 这两个寄存器。这两个寄存器的定义见库函数 core_cm4.h 头文件中的 NVIC_Type 结构体定义,主要作用是使能中断和清除中断。比如使能中断,其代码如下:

```
NVIC_InitStructure.NVIC_IRQChannelCmd = ENABLE;    //使能外部中断通道
```

⑤ 完成 NVIC 的初始设置后,可调用函数 NVIC_Init(&NVIC_InitStructure)来完成其初始化设置,其代码如下:

```
NVIC_Init(&NVIC_InitStructure);                          //NVIC 初始化
```

(5) 使能 SYSCFG APB 时钟,使用 GPIO 外部中断时需要使能 SYSCFG 时钟。

```
RCC_APB2PeriphClockCmd(RCC_APB2Periph_SYSCFG, ENABLE);
```

(6) 写中断服务例程。

在启动文件 startup_stm32f429_439xx.s 中预先为每个中断编写一个中断服务例程,只是这些中断例程都为空,为的只是初始化中断向量表。实际的中断服务例程需要重新编写,中断服务例程统一写在 stm32f4xx_it.c 库文件中。中断服务例程的函数名必须与启动文件中预先设置的一样,如果写错,系统就无法在中断向量表中找到中断服务例程的入口,从而直接跳转到启动文件中预先写好的空例程。

7.6 实验步骤

7.6.1 硬件连接

本实验的硬件连接如图 7.1 所示。

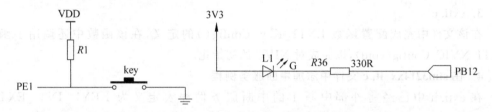

图 7.1 硬件连接图

器件连接如图 7.2 所示,其中:
- LED 灯 L1 正极接 3.3V 电源;
- LED 灯 L1 负极接 PB12;
- 按键 key 正极接 PE1;
- 按键 key 负极接地。

7.6.2 实验讲解

在该工程中,用户需要创建 5 个文件,分别为 led.h、led.c、exti.h、exti.c 以及 main.c,并且在文件 stm32f4xx_it.c 中添加中断服务例程。

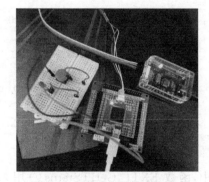

图 7.2 实验的器件连接图

1. led.h 和 led.c 文件

由于本实验的 LED 灯是连接在 GPIOB12 引脚上,因此其设置与实验 4 是完全一样的,此处不再赘述。

2. exti.h

根据中断的设置,在这里需要借助宏来定义相应按键的端口、引脚、中断源以及按键的初始化等。

连接 GPIOE1 引脚上的独立按键 key,将该按键设置为外部中断。一旦有按键,将引发外部中断,通过调用外部中断服务例程,点亮或熄灭 LED 灯。

```
#define KEY1_GPIO_PIN              GPIO_Pin_1
#define KEY1_GPIO_PORT             GPIOE
#define KEY1_GPIO_CLK              RCC_AHB1Periph_GPIOE
#define KEY1_INT_EXTI_LINE         EXTI_Line1

#define KEY1_INT_EXTI_PORTSOURCE   EXTI_PortSourceGPIOE
#define KEY1_INT_EXTI_PINSOURCE    EXTI_PinSource1
#define KEY1_INT_EXTI_IRQ          EXTI1_IRQn

#define KEY1_INT_EXTI_IRQHANDLER   EXTI1_IRQHandler
```

另外,这里将通过一个函数来配置 GPIOE1 上的外部中断,因此在头文件中对该函数进行了说明,其代码如下:

```
void EXTI_Key_Config(void);
```

3. exti.c

在该文件中完成配置函数 EXTI_Key_Config() 的定义,在该函数中还调用了函数 EXTI_NVIC_Config(void),以完成对 NIVC 的初始化。

4. 在 stm32f4xx_it.c 文件中添加中断服务例程

在 exti.h 中已经将外部中断 1 的中断服务例程宏定义为 KEY1_INT_EXTI_IRQHANDLER,这样做的目的是为了以后的兼容性。本例的中断服务例程非常简单,主要内容是:当中断来到后翻转 LED1 的设置,使其产生亮—灭—亮的效果,其代码如下:

```
void KEY1_INT_EXTI_IRQHANDLER(void)
{
if((EXTI_GetITStatus(KEY1_INT_EXTI_LINE) ) != RESET )
{
        GPIO_ToggleBits(LED1_GPIO, LED1_PIN);
}
EXTI_ClearITPendingBit(KEY1_INT_EXTI_LINE);
}
```

其中,函数 EXTI_GetITStatus() 用来检查外部中断线上是否有中断到。函数 EXTI_ClearITPendingBit() 在完成中断服务后清除中断,以便能够响应下次中断。

5. main.c

main() 函数比较简单,主要完成初始化 LED 和外部中断,while 循环什么都不做,只等待中断产生。

```
while(1)
{

}
```

7.6.3 创建工程

1. 创建工程

将工程模板 template 复制一份到工程目录下,并修改该文件夹的名字,本例修改为 ex7_KEY_EXTI。启动 Keil μVision5,选择 Project→New μVision Project 会弹出一个文件选项,将新建的工程文件保存在\Project 文件夹下,并取名,这里取名为 key_exti,单击"保存"按钮。

2. 创建文件

1) led.c 和 led.h 文件

与实验 5 一样,在 USR 文件夹下创建文件夹 led,并在文件夹 led 下创建 led.c 和 led.h 这两个文件。

2) exti.c 和 exti.h 文件

在 USR 文件夹下创建文件夹 key,并在文件夹 key 下创建 exti.c 和 exit.h 这两个文件。

3) 修改 main.c 文件

在 USR 文件夹中有 main.c 文件,但需要修改其代码,不用修改函数 void TimingDelay_Decrement(void)的定义。

4) 修改 stm32f4xx_it.c

在该文件中添加中断服务例程 KEY1_INT_EXTI_IRQHANDLER(),因为之前在 exti.h 文件中对 EXTI1_IRQHandler 进行了宏定义,因此这里只需要对 KEY1_INT_EXTI_IRQHANDLER()进行定义。

3. 添加文件到工程

单击 USR 组,单击 Add Files 按钮添加文件,添加文件夹 D:\experiments\ex6-KEY\USR 中的两个.c 文件,以及 D:\experiments\ex5-LED\USR\key 和 D:\experiments\ex5-LED\USR\led 中的.c 文件。

4. 配置参数

配置参数的方法与实验 4 完全一样,可以参照实验 4 进行配置,注意包含路径需要根据本实验进行设置。

5. 运行

单击 ▦ 按钮编译代码,成功后再单击 ▦ 按钮将程序下载到开发板。程序下载后,在 Build Output 选项卡中如果出现 Application running…,则表示程序下载成功;如果没有出现,则按开发板上的复位键。第一次按键时,LED 灯关闭,当再次按键时,LED 灯亮。

7.7 实验参考程序

1. 文件夹 led

1) led.h

```c
#include "stm32f4xx.h"

/*引脚定义*/

/*绿色 LED 灯*/
#define LED1_PIN GPIO_Pin_12
#define LED1_GPIO GPIOB
#define LED1_CLK RCC_AHB1Periph_GPIOB

/*初始化函数的说明*/
void LED_Config(void);
```

2) led.c

```c
#include "./led/led.h"

void LED_Config()
{
    GPIO_InitTypeDef   GPIO_InitStructure;      /*定义一个 GPIO_InitTypeDef 类型的变量*/

    RCC_AHB1PeriphClockCmd(LED1_CLK, ENABLE);
    GPIO_InitStructure.GPIO_Pin = LED1_PIN;             /*设置控制的引脚号*/
    GPIO_InitStructure.GPIO_Mode = GPIO_Mode_OUT;       /*设置该引脚为输出类型*/
    GPIO_InitStructure.GPIO_OType = GPIO_OType_PP;      /*设置其类型为推挽模式*/
    GPIO_InitStructure.GPIO_Speed = GPIO_High_Speed;    /*设置其引脚速度*/
    GPIO_InitStructure.GPIO_PuPd = GPIO_PuPd_UP;        /*设置为上拉模式*/
    GPIO_Init(LED1_GPIO, &GPIO_InitStructure);          /*调用库函数,初始化 GPIOB12 引脚*/
}
```

2. 文件夹 key

1) exti.h

```c
#ifndef __KEY_H
#define __KEY_H


#include "stm32f4xx.h"

//引脚定义
#define KEY1_PIN            GPIO_Pin_1
#define KEY1_GPIO           GPIOE
#define KEY1_GPIO_CLK       RCC_AHB1Periph_GPIOC
```

```
#define KEY1_INT_EXTI_LINE          EXTI_Line1
#define KEY1_INT_EXTI_PORTSOURCE    EXTI_PortSourceGPIOE
#define KEY1_INT_EXTI_PINSOURCE     EXTI_PinSource1

#define KEY1_INT_EXTI_IRQ           EXTI1_IRQn
#define KEY1_INT_EXTI_IRQHANDLER    EXTI1_IRQHandler

/** 按键按下标识宏
 * 按键按下为高电平,设置 KEY_ON = 1,KEY_OFF = 0
 * 若按键按下为低电平,把宏设置成 KEY_ON = 0 ,KEY_OFF = 1 即可
 */
/* #define KEY_ON      0
 #define KEY_OFF      1
 void Key_GPIO_Config(void);
 uint8_t Key_Scan(GPIO_TypeDef * GPIOx,u16 GPIO_Pin);
 */
void EXTI_Key_Config(void);

#endif /* __LED_H */
```

2) exti.c

```
#include "./key/exti.h"

static void EXTI_NVIC_Config(void)
{
    NVIC_InitTypeDef NVIC_InitStruct;

    NVIC_PriorityGroupConfig(NVIC_PriorityGroup_1);

    NVIC_InitStruct.NVIC_IRQChannel = KEY1_INT_EXTI_IRQ;
    NVIC_InitStruct.NVIC_IRQChannelPreemptionPriority = 0;
    NVIC_InitStruct.NVIC_IRQChannelSubPriority = 1;
    NVIC_InitStruct.NVIC_IRQChannelCmd = ENABLE;
    NVIC_Init(&NVIC_InitStruct);
}

void EXTI_Key_Config(void)
{
    /* 定义一个 GPIO_InitTypeDef 类型的结构体 */
    GPIO_InitTypeDef GPIO_InitStructure;

    EXTI_InitTypeDef   EXTI_InitStruct;

    /* 开启 LED 相关的 GPIO 外设时钟 */
    RCC_AHB1PeriphClockCmd (RCC_AHB1Periph_GPIOA, ENABLE);

    RCC_APB2PeriphClockCmd (RCC_APB2Periph_SYSCFG, ENABLE);
```

```c
    EXTI_NVIC_Config();

    /*选择要控制的 GPIO 引脚*/
    GPIO_InitStructure.GPIO_Pin =    KEY1_PIN;
    /*设置引脚模式为输入模式*/
    GPIO_InitStructure.GPIO_Mode = GPIO_Mode_IN;
    /*设置引脚为浮空模式*/
    GPIO_InitStructure.GPIO_PuPd = GPIO_PuPd_NOPULL;
    /*调用库函数,使用上面配置的 GPIO_InitStructure 初始化 GPIO*/
    GPIO_Init(KEY1_GPIO, &GPIO_InitStructure);

    SYSCFG_EXTILineConfig(KEY1_INT_EXTI_PORTSOURCE, KEY1_INT_EXTI_PINSOURCE);

    EXTI_InitStruct.EXTI_Line = KEY1_INT_EXTI_LINE;
    EXTI_InitStruct.EXTI_Mode = EXTI_Mode_Interrupt;
    EXTI_InitStruct.EXTI_Trigger = EXTI_Trigger_Rising;
    EXTI_InitStruct.EXTI_LineCmd = ENABLE;
    EXTI_Init(&EXTI_InitStruct);
}
```

3. stm32f4xx_it.c 的中断服务例程

```c
#include "stm32f4xx_it.h"
#include "./key/exti.h"
#include "./led/led.h"
…//原文件代码
void KEY1_INT_EXTI_IRQHANDLER(void)
{
if((EXTI_GetITStatus(KEY1_INT_EXTI_LINE) ) != RESET )
    {
        GPIO_ToggleBits(LED1_GPIO, LED1_PIN);
    }
    EXTI_ClearITPendingBit(KEY1_INT_EXTI_LINE);
}
```

4. main.c

```c
#include "stm32f4xx.h"
#include "./led/led.h"
#include "./key/exti.h"
#include "main.h"

void TimingDelay_Decrement(void)
{
    int i,j;
    for(i = 0;i < 5;i++)
    {
        j = 5000000;
        while (j > = 0) j--;
```

```
        }
    }
    int main()
    {
        LED_Config();
        EXTI_Key_Config();
        while(1){}
    }
```

7.8 实验总结

本实验通过了解中断的基础知识，完成了一个外部中断的实验。通过该实验，可了解中断编程过程，并能用中断检测按键。

7.9 思考题

（1）如何为外部中断配置使用不同的外部中断线？
（2）能不能在中断服务例程中使用延时函数？为什么？
（3）采用两个或多个按键控制多个 LED 灯实现流水灯效果，其中每种流水灯代表不同优先级的中断程序，判断不同外部中断之间的抢占关系。

实验 8　定时器实验

EXPERIMENT 8

8.1　实验目的

- 了解 STM32 系列处理器定时器工作原理；
- 掌握 STM32 系列处理器定时器的使用方法和程序编写；
- 掌握 Keil μVision5 集成开发环境的使用和软硬件联合调试方法。

8.2　实验设备

1. 硬件

（1）PC 一台；
（2）STM32F429IGT6 核心板一块；
（3）DAP 仿真器一个；
（4）LED 灯一个；
（5）导线若干根；
（6）面包板一块。

2. 软件

（1）Windows 7/8/10 系统；
（2）Keil μVision5 集成开发环境。

8.3　实验内容

8.3.1　实验题目

用基本定时器 TIM6 计时，每秒产生一个定时器中断，中断服务例程完成对 LED 灯的亮—灭—亮翻转。

8.3.2　实验描述

要实现 LED 灯每秒翻转一次亮灭，就需要有一个定时器能够每秒产生一个中断，通过定时器完成对 LED 灯定时操作。

8.4 实验预习

- 熟悉 STM32F 中基本定时器控制的基本原理；
- 阅读 Keil 及 DAP 仿真器的相关资料，熟悉 Keil 集成开发环境及仿真器的使用。

8.5 实验原理

8.5.1 定时器简介

STM32F4 系列处理器的定时器比较多，包括 2 个基本定时器(TIM6、TIM7)、10 个通用定时器(TIM2～TIM5、TIM9～TIM14)和 2 个高级定时器(TIM1、TIM8)。基本定时器的功能比较简单。通用定时器是在基本定时器的基础上扩展而来，增加了输入捕获与输出比较等功能。高级定时器又是在通用定时器基础上扩展而来，增加了可编程死区互补输出、重复计数器、带刹车(断路)功能，其主要应用于工业电机控制方面。

在本实验中，将通过基本定时器完成对时间的计时，基本定时器有 TIM6 和 TIM7，每个定时器包含一个 16 位自动重载计数器，该计数器由可编程预分频器驱动。此类定时器不仅可用作定时器生成时基，还可以专门用于驱动数模转换器（DAC）。实际上，此类定时器内部连接到 DAC 并能够通过其触发输出驱动 DAC。这些定时器彼此完全独立，不共享任何资源。

其基本功能包括：
- 16 位自动重载递增计数器；
- 16 位可编程预分频器，用于对计数器时钟频率进行分频（即运行时修改），分频系数为 1～65 536；
- 用于触发 DAC 的同步电路；
- 发生计数器上溢，新事件产生，会生成中断/DMA 请求。

基本定时器结构框图如图 8.1 所示。

1. 时钟源

计数器时钟由内部时钟(CK_INT)源提供，预分频器的时钟的输入由内部时钟 CK_INT 提供。

2. 控制器

定时器控制器控制实现定时器功能，控制定时器复位、使能、计数是其基础功能，基本定时器还专门用于 DAC 转换触发。

3. 时基单元

基本定时器时基单元包括 3 个寄存器，分别是计数器寄存器(TIMx_CNT)、预分频器寄存器(TIMx_PSC)、自动重载寄存器(TIMx_ARR)，这 3 个寄存器都是 16 位有效，其值为 0～65 535。

在这个时基单元中，有个预分频器寄存器(TIMx_PSC)，用于对计数器时钟频率进行分

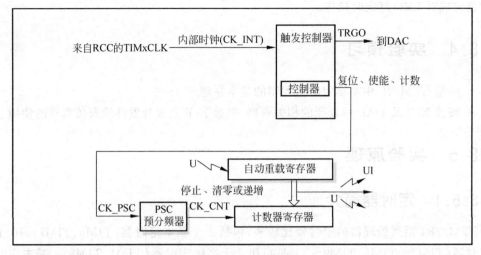

图 8.1 基本定时器结构框图

频,通过寄存器内的相应位设置,分频系数值为 1~65 536。由于从模式控制寄存器具有缓冲功能,因此预分频器可实现实时更改,而新的预分频比将在下一更新事件发生时被采用。

由于基本定时器的时钟来自内部时钟 CK_INT,也就是其输入 CK_PSC 等于 CK_INT,为 90MHz(STM32F429IGT6 的定时器时钟为 86MHz),通过预分频器 PSC 得到不同的 CK_CNT,其计算方法为

$$CK\_CNT = CK\_PSC/(PSC[15:0]+1) \tag{8.1}$$

要得到 1MHz 的 CK_CNT,只需要设置 PSC[15:0]=90-1,通过上面的公式就可以计算:CK_CNT=1MHz。

计数寄存器(TIMx_CNT),基本定时器计数方式向上计数,计数器从 0 计数到自动重载值(TIMx_ARR 寄存器的内容),然后重新从 0 开始计数并生成计数器上溢事件,因此,一个事件的周期为

$$\begin{aligned} t\_timer &= (1/CK\_CNT) \times (TIMx\_ARR+1) \\ &= (1/CK\_PSC) \times (PSC[15:0]+1) \times (TIMx\_ARR+1) \end{aligned} \tag{8.2}$$

自动重载寄存器(TIMx_ARR)存放与计数器比较的数值,如果两个数值相等就生成事件,将相关事件标志位置位,生成 DMA 和中断输出。

4. 定时器周期的计算

定时事件生成时间主要由 TIMx_PSC 和 TIMx_ARR 两个寄存器值决定,生成定时器的周期的方法如下:

(1) 设置预分频器寄存器(TIMx_PSC)的值,产生预分频器 PSC 的输出频率到 CK_CNT。例如,需要产生 10 000Hz 的输出频率,由于内部时钟是 90MHz,即 CK_PSC 的值,代入式(8.1),为 10 000=90×10e6/(PSC[15:0]+1)。

计算可知 PSC[15:0]=9000-1,这样,预分频器寄存器 TIMx_PSC=9000-1。

(2) 设置自动重载寄存器(TIMx_ARR)的值。若这里需要产生一个 1s 的定时周期,由于预分频器产生的是 10 000Hz 的输出频率,要产生 1s 的定时周期,计数寄存器(TIMx_CNT)只需要计数 10 000 次就可以了,由于其计数从 0 开始,这样计数器需要达到 9999,那么自动重载寄存器 TIMx_ARR=9999,代入式(8.2),可得

$$t\_timer=[1/(90\times10^6)]\times(9000-1+1)\times(9999+1)=1(s)$$

从而产生一个 1s 的定时周期。

8.5.2 数据结构介绍

1. 初始化定时器

基本定时器初始化的数据结构为 TIM_TimeBaseInitTypeDef,该结构体成员用于设置定时器基本工作参数,并由定时器基本初始化配置函数 TIM_TimeBaseInit 调用,这些设定参数将会设置定时器相应的寄存器,达到配置定时器工作环境的目的。

初始化结构体 TIM_TimeBaseInitTypeDef 在文件 stm32f4xx_tim.h 中定义,初始化库函数 TIM_TimeBaseInit 在文件 stm32f4xx_tim.c 中定义。

结构体 TIM_TimeBaseInitTypeDef 定义如下:

```
Typedef struct
{ uint16_t TIM_Prescaler;              //预分频值
  uint16_t TIM_CounterMode;            //计数方式
  uint32_t TIM_Period;                 //定时器周期
  uint16_t TIM_ClockDivision;          //时钟分频值
  uint8_t TIM_RepetitionCounter;       //重复计数器
} TIM_TimeBaseInitTypeDef;
```

TIM_TimeBaseInitTypeDef 结构体内含有 5 个成员变量,其中 3 个在基本定时器中使用,前 4 个在通用定时器中会使用到,最后一个在高级定时器中才会用到。

(1) TIM_Prescaler:定时器预分频器设置,时钟源经该预分频器才是定时器时钟,它设定 TIMx_PSC 寄存器的值。可设置范围为 0~65 535,实现 1~65 536 分频。如在 8.5.1 节的例子中,要产生一个 1s 的定时周期,该值可设为 9000−1;

(2) TIM_CounterMode:定时器计数方式,基本定时器只能向上计数,即 TIMx_CNT 只能从 0 开始递增,并且无须初始化;

(3) TIM_Period:定时器周期,实际就是设定自动重载寄存器的值,在 8.5.1 节的例子中,这里可设为 9999。

2. 初始化函数

定时器基本初始化配置函数 TIM_TimeBaseInit(),该定义在 stm32f4xx_tim.c 文件。调用该函数,完成定时器的配置。

8.6 实验步骤

8.6.1 硬件连接

在开发板上连接一个 LED 灯,其硬件连接图如图 8.2 所示。

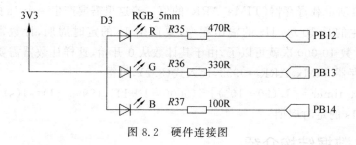

图 8.2　硬件连接图

8.6.2　实验讲解

在该工程中,用户需要创建 5 个文件,分别为 led. h、led. c、basic_tim. h、basic_tim. c 以及 main. c,并且在文件 stm32f4xx_it. c 中添加中断服务例程。

1. led. h 和 led. c 文件

由于本实验的 LED 灯还是使用实验 5 中 LED 灯的设置,因此这里只需要把实验 5 中的这两个文件复制过来就可以了。

2. basic_tim. h

根据基本定时器的描述,在这里需要宏定义相应基本定时器、基本定时器的时钟、中断源和中断服务例程。对这些进行宏定义,主要为了以后的兼容性。

```
#define BASIC_TIM              TIM6
#define BASIC_TIM_CLK          RCC_APB1Periph_TIM6

#define BASIC_TIM_IRQn         TIM6_DAC_IRQn
#define BASIC_TIM_IRQHandler   TIM6_DAC_IRQHandler
```

可以看到,这里使用的基本定时器是 TIM6,若将来使用 TIM7,只需在这里进行替换,而程序不需要其他修改。它的时钟是 APB1 总线的时钟。

同时对基本定时器的配置函数进行说明,具体的实现在 basic_tim. c 中。

```
void TIMx_Configuration(void);
```

3. basic_tim. c

在这个文件中完成对配置函数 TIMx_Configuration(void)的定义,在这个函数中,还定义了 TIMx_NVIC_Config()对 NIVC 的初始化以及定时器 TIM6 的配置函数 TIM_Mode_Config()。函数 TIMx_NVIC_Config()定义如下:

```
static void TIMx_NVIC_Configuration(void)
{
    NVIC_InitTypeDef NVIC_InitStructure;
    NVIC_PriorityGroupConfig(NVIC_PriorityGroup_0);
    NVIC_InitStructure.NVIC_IRQChannel = BASIC_TIM_IRQn;            //设置中断源
    NVIC_InitStructure.NVIC_IRQChannelPreemptionPriority = 0;
    NVIC_InitStructure.NVIC_IRQChannelSubPriority = 3;
```

```
        NVIC_InitStructure.NVIC_IRQChannelCmd = ENABLE;
        NVIC_Init(&NVIC_InitStructure);
    }
```

在函数 TIM_Mode_Config()中,主要对基本定时器 TIM6 进行了配置,其定义如下:

```
1   static void TIM_Mode_Config(void)
2   {
3       TIM_TimeBaseInitTypeDef    TIM_TimeBaseStructure;
4
5       RCC_APB1PeriphClockCmd(BASIC_TIM_CLK, ENABLE);
6
7       TIM_TimeBaseStructure.TIM_Period = 5000 - 1;
8       TIM_TimeBaseStructure.TIM_Prescaler = 9000 - 1;
9       TIM_TimeBaseInit(BASIC_TIM, &TIM_TimeBaseStructure);
10
11      TIM_ClearFlag(BASIC_TIM, TIM_FLAG_Update);
12
13      TIM_ITConfig(BASIC_TIM,TIM_IT_Update,ENABLE);
14
15      TIM_Cmd(BASIC_TIM, ENABLE);
16  }
```

第 3 行定义了一个初始化定时器的变量 TIM_TimeBaseStructure;第 5 行初始化定时器的时钟;第 7~9 行初始化定时器,前面已经介绍过;第 11 行 TIM_ClearFlag()函数用来在配置中断之前,清除定时器更新中断标志位;第 13 行使用 TIM_ITConfig 函数配置使能定时器更新中断,即在发生上溢时产生中断;在第 15 行使用 TIM_Cmd()函数开启定时器。

对定时器中断类型和使能设置的函数如下:

```
void TIM_ITConfig(TIM_TypeDef * TIMx, uint16_t TIM_IT,FunctionalState NewState);
```

第一个参数用来选择哪个定时器,例如 TIM6,这里宏定义为 BASIC_TIM。

第二个参数用来设置定时器中断类型,定时器的中断类型非常多,包括更新中断 TIM_IT_Update、触发中断 TIM_IT_Trigger、输入捕获中断等。

第三个参数用来使能或者禁用定时器中断类型,可以为 ENABLE 或 DISABLE。

4. 在 stm32f4xx_it.c 文件中添加中断服务例程

本实验是通过基本定时器 TIM6 产生周期为 1s 的中断。由于在中断服务例程中用到了基本定时器和 LED 灯,所以在文件 stm32f4xx_it.c 的开始要包含有关的头文件:

```
#include "./tim/basic_tim.h"
#include "./led/led.h"
```

在中断服务例程中完成对 LED 灯亮灭的翻转,使其产生亮—灭—亮的效果,其代码如下:

```
voidBASIC_TIM_IRQHandler (void)
{
    if (TIM_GetITStatus(BASIC_TIM, TIM_IT_Update) != RESET )
    {
        GPIO_ToggleBits(LED1_GPIO, LED1_PIN);
        TIM_ClearITPendingBit(BASIC_TIM , TIM_IT_Update);
    }
}
```

其中函数 TIM_GetITStatus() 检查外部中断线上是否有中断到了。函数 TIM_ClearITPendingBit() 在完成中断服务后，需要清除中断，以便能够响应下次中断。这两个函数在 stm32f4xx_tim.c 中定义。

5. main.c

main() 函数比较简单，初始化 LED 和基本定时器，while 循环什么都不做，等待定时器中断产生：

```
while (1)
{

}
```

8.6.3 创建工程

1. 创建新工程

将工程模板 template 复制一份到工作目录下，并修改该文件夹的名字，这里改为 ex8_BASIC_TIM。启动 Keil μVision5，选择 Project→New μVision Project，会弹出一个文件选项，将新建的工程文件保存在 \Project 文件夹下，并命名，这里命名为 bas_tim，单击"保存"按钮。

2. 创建文件

1) led.c 和 led.h 文件

直接将实验 4 在 USR 文件夹下 led 文件夹复制到该工程的 USR 文件夹下。

2) basic_tim.c 和 basic_tim.h 文件

在 USR 文件夹下可以创建文件夹 tim，并在文件夹 tim 下创建这两个文件。

3) 修改 main.c 文件

在 USR 文件夹中有 main.c 文件，但要修改其代码，不需要修改函数 void TimingDelay_Decrement(void) 的定义。

4) 修改 stm32f4xx_it.c

在该文件中添加中断服务例程 BASIC_TIM_IRQHandler(void)。

3. 添加文件到工程

添加的方法与添加的文件除了组 USR 以外，其余的不变，此处不再赘述。

单击 USR 组，单击 Add Files 添加文件，添加文件夹 USR 中的两个 .c 文件，以及 USR\led 和 USR\tim 中的 .c 文件。

4. 配置参数

配置参数的方法与实验 5 完全一样，可以参照实验 5 进行配置，注意包含路径需要根据本实验进行设置。

5. 运行

单击 按钮编译代码，成功后，单击 按钮将程序下载到开发板。程序下载后，在 Build Output 选项卡中如果出现 Application running…，则表示程序下载成功；如果没有出现，则按复位键试试。LED 灯就会出现亮-灭-亮的结果。

8.7 实验参考程序

1. 文件夹 led

1) led.h

```
#include "stm32f4xx.h"
/*引脚定义*/
/*绿色 LED 灯*/
#define LED1_PIN  GPIO_Pin_12
#define LED1_GPIO GPIOB
#define LED1_CLK  RCC_AHB1Periph_GPIOB
/*初始化函数的说明*/
void LED_Config(void);
```

2) led.c

```
#include "./led/led.h"
void LED_Config()
{
    GPIO_InitTypeDef   GPIO_InitStructure;
    RCC_AHB1PeriphClockCmd(LED1_CLK, ENABLE);
    GPIO_InitStructure.GPIO_Pin = LED1_PIN;
    GPIO_InitStructure.GPIO_Mode = GPIO_Mode_OUT;
    GPIO_InitStructure.GPIO_OType = GPIO_OType_PP;
    GPIO_InitStructure.GPIO_Speed = GPIO_Speed_100MHz;
    GPIO_InitStructure.GPIO_PuPd = GPIO_PuPd_UP;
    GPIO_Init(LED1_GPIO, &GPIO_InitStructure);
}
```

2. 文件夹 tim

1) basic_tim.h

```
#ifndef __BASIC_TIM_H
#define __BASIC_TIM_H
#include "stm32f4xx.h"

#define BASIC_TIM                TIM6
```

```
#define BASIC_TIM_CLK              RCC_APB1Periph_TIM6

#define BASIC_TIM_IRQn             TIM6_DAC_IRQn
#define BASIC_TIM_IRQHandler       TIM6_DAC_IRQHandler

void TIMx_Configuration(void);

#endif /* __BASIC_TIM_H */
```

2) basic_tim.c

```
#include "./tim/basic_tim.h"
static void TIMx_NVIC_Configuration(void)
{
    NVIC_InitTypeDef NVIC_InitStructure;
    NVIC_PriorityGroupConfig(NVIC_PriorityGroup_0);

    NVIC_InitStructure.NVIC_IRQChannel = BASIC_TIM_IRQn;
    NVIC_InitStructure.NVIC_IRQChannelPreemptionPriority = 0;
    NVIC_InitStructure.NVIC_IRQChannelSubPriority = 3;
    NVIC_InitStructure.NVIC_IRQChannelCmd = ENABLE;
    NVIC_Init(&NVIC_InitStructure);
}

static void TIM_Mode_Config(void)
{
    TIM_TimeBaseInitTypeDef  TIM_TimeBaseStructure;
    RCC_APB1PeriphClockCmd(BASIC_TIM_CLK, ENABLE);
    TIM_TimeBaseStructure.TIM_Period = 5000 - 1;
    TIM_TimeBaseStructure.TIM_Prescaler = 9000 - 1;
    TIM_TimeBaseInit(BASIC_TIM, &TIM_TimeBaseStructure);
    TIM_ClearFlag(BASIC_TIM, TIM_FLAG_Update);
    TIM_ITConfig(BASIC_TIM, TIM_IT_Update, ENABLE);
    TIM_Cmd(BASIC_TIM, ENABLE);
}
void TIMx_Configuration(void)
{
    TIMx_NVIC_Configuration();
    TIM_Mode_Config();
}
```

3. 文件夹 USR

1) main.c

```
#include "stm32f4xx.h"
#include "./tim/basic_tim.h"
#include "./led/led.h"
#include "main.h"
```

```
void TimingDelay_Decrement(void)
{
    int i,j;
    for(i = 0;i < 5;i++)
    {   j = 5000000;
        while (j >= 0 ) j--;
    }
}
int main(void)
{
    LED_Config();
    TIMx_Configuration();
    while(1)
    {
    }
}
```

2) stm32f4xx_it.c

```
# include "stm32f4xx_it.h"
# include "main.h"
# include "./tim/basic_tim.h"
# include "./led/led.h"
…
/**
  * @brief   This function handles TIM interrupt request.
  * @param   None
  * @retval None
  */
void  BASIC_TIM_IRQHandler(void)
{
    if (TIM_GetITStatus(BASIC_TIM, TIM_IT_Update) != RESET )
    {
        GPIO_ToggleBits(LED1_GPIO, LED1_PIN);
        TIM_ClearITPendingBit(BASIC_TIM , TIM_IT_Update);
    }
}
```

8.8 实验总结

本实验通过了解基本定时器的基础知识，完成了一个定时器中断的实验。通过该实验，进一步了解了定时器中断编程过程。

8.9 思考题

（1）修改本实验工程，使得 LED 灯每 2s 变化一次，即每 2s 产生一个定时器中断，翻转 LED 灯。

（2）修改本实验，使得 1s 产生一个定时器中断，使 LED1 翻转，第二个定时器中断，使 LED2 翻转，第三个定时器中断，使 LED3 翻转；第四个中断，使 LED1 翻转，以此类推。

实验 9　呼吸灯与 PWM 控制实验

EXPERIMENT 9

9.1　实验目的

- 了解 PWM 的基本概念和应用范围；
- 掌握 STM32 系列处理器定时器的使用方法和程序编写；
- 掌握 Keil μVision5 集成开发环境的使用和软硬件联合调试方法。

9.2　实验设备

1. 硬件

（1）PC 一台；
（2）STM32F429IGT6 核心板一块；
（3）DAP 仿真器一个；
（4）LED 灯一个；
（5）导线若干根；
（6）面包板一块。

2. 软件

（1）Windows 7/8/10 系统；
（2）Keil μVision5 集成开发环境。

9.3　实验内容

9.3.1　实验题目

用通用定时器 TIM9 的通道 1 输出 PWM 信号控制 LED1 指示灯的亮度。

通过 TIM9 的 CH1 输出一个 PWM 信号，控制 LED1 指示灯由暗变亮，再由亮变暗，节奏类似人的呼吸，需要将 LED1 连接到 GPIOE5 引脚上，因为该引脚具有 TIM9_CH1 复用功能，所以可以通过 TIM9 的 CH1 输出 PWM 信号，实现呼吸灯效果。

9.3.2 实验描述

要实现呼吸灯,首先,初始化 GPIOE5 引脚为复用输出模式,并初始化 GPIOE5 引脚的相应基础 GPIOE 配置;其次,配置定时器基础设置和定时器的 PWM 信号输出模式;最后,通过控制定时器的比较寄存器 CCR1 的值即可达到呼吸灯所需的亮度,有规律地设置该值即可达到呼吸灯的效果。

9.4 实验预习

- 了解 STM32F4 的基本原理;
- 熟悉 STM32F4 中通用定时器控制的基本原理;
- 熟悉 STM32F4 中 GPIO 复用的基本原理;
- 熟悉 PWM 的基本原理;
- 阅读 Keil 及 DAP 仿真器的相关资料,熟悉 Keil 集成开发环境及仿真器的使用。

9.5 实验原理

9.5.1 通用定时器简介

实验 8 已经较多地介绍了 STM32F4 系列处理器的定时器,包括 2 个基本定时器(TIM6、TIM7)、10 个通用定时器(TIM2～TIM5、TIM9～TIM14)和 2 个高级定时器(TIM1、TIM8)。

STM32F4 系列的通用定时器包含一个 16 位或 32 位自动重载计数器(CNT),该计数器由可编程预分频器(PSC)驱动。STM32F4 系列的通用定时器可用于多种用途,包括测量输入信号的脉冲宽度(输入捕获)或者生成输出波形(输出比较和 PWM)等。使用定时器预分频器和 RCC 时钟控制器预分频器,脉冲长度和波形周期可以在几微秒到几毫秒间调整。STM32F4 的每个通用定时器都是完全独立的,没有互相共享的任何资源。STM32F4 的通用定时器 TIMx (TIM2～TIM5、TIM9～TIM14)具有如下功能:

(1) 16 位/32 位(仅 TIM2 和 TIM5)向上、向下、向上/向下自动装载计数器(TIMx_CNT)。

(2) 16 位可编程(可以实时修改)预分频器(TIMx_PSC),计数器时钟频率的分频系数为 1～65 535 的任意数值。

(3) 4 个独立通道可以用来:

- 输入捕获;
- 输出比较;
- PWM 生成(边缘或中间对齐模式);
- 单脉冲模式输出。

(4) 可使用外部信号(TIMx_ETR)控制定时器,且可实现多个定时器互连(可以用一个定时器控制另外一个定时器)的同步电路。

(5) 发生如下事件时产生中断/DMA 请求(TIM9~TIM14 不支持 DMA):
- 计数器向上溢出/向下溢出,计数器初始化(通过软件或者内部/外部触发);
- 触发事件(计数器启动、停止、初始化或者由内部/外部触发计数);
- 输入捕获;
- 输出比较。

(6) 支持针对定位的增量(正交)编码器和霍尔传感器电路(TIM9~TIM14 不支持)。

(7) 触发输入作为外部时钟或者按周期的电流管理(TIM9~TIM14 不支持)。

前述通用定时器功能是由通用定时器的内部结构决定的,其内部结构框图如图 9.1 所示。

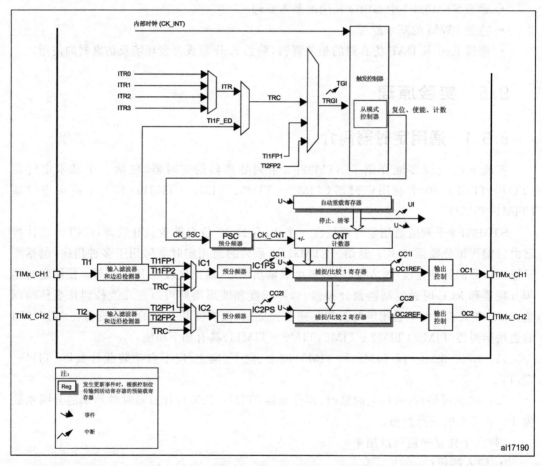

图 9.1 通用定时器结构框图

通用定时器结构框图分成 5 个子模块,其中需要关注的 3 个模块如下所述。

1) 时钟源

通用定时器的时钟来源有 4 种可选:

- 内部时钟(CK_INT);
- 外部时钟模式1;
- 外部时钟模式2;
- 内部触发输入。

具体可通过 TIMx_SMCR 寄存器的相关位来设置。

这里的 CK_INT 时钟是从 APB1 倍频得来的,除非 APB1 的时钟分频数设置为1(一般都不会是1),否则通用定时器 TIMx 的时钟是 APB1 时钟的 2 倍,当 APB1 的时钟不分频的时候,通用定时器 TIMx 的时钟就等于 APB1 的时钟。

通常都是将内部时钟(CK_INT)作为通用定时器的时钟来源,而且通用定时器的时钟是 APB1 时钟的 2 倍。

2) 捕获比较寄存器

当计数器 CNT 的值与比较寄存器 CCR(捕获比较寄存器)的值相等的时候,输出参考信号 OCxREF 信号的极性就会改变,其中 OCxREF=1(高电平)称为有效电平,OCxREF=0(低电平)称为无效电平,并且会产生比较中断 CCxI,相应的标志位 CCxIF(SR 寄存器中)会置位。然后 OCxREF 再经过一系列的控制之后就成为真正的输出信号 OCx/OCxN。

3) 输出引脚

输出信号最终是通过定时器的外部 I/O 来输出的,分别为 TIMx_CH1/CH2。

9.5.2 PWM 简介

1. PWM 的基本原理

PWM(Pulse Width Modulation,脉冲宽度调制)简称脉宽调制。它是利用微处理器的数字输出来对模拟电路进行控制的一种非常有效的技术,其因为控制简单、灵活和动态响应好等优点而成为电力电子技术最广泛应用的控制方式。其应用领域包括测量、通信、功率控制与变换、电动机控制、伺服控制、调光、开关电源,甚至某些音频放大器,因此学习 PWM 具有十分重要的现实意义。

PWM 是一种对模拟信号电平进行数字编码的方法,通过高分辨率计数器的使用,方波的占空比被调制用来对一个具体模拟信号的电平进行编码。PWM 信号仍然是数字的,因为在给定的任何时刻,满幅值的直流供电为完全有(ON)或完全无(OFF)。电压或电流源是以一种通(ON)或断(OFF)的重复脉冲序列被加到模拟负载上去的。通的时候即是直流供电被加到负载上的时候,断的时候即是供电被断开的时候,只要带宽足够,任何模拟值都可以使用 PWM 进行编码。PWM 模拟信号等效图如图 9.2 所示。

可以看到,图 9.2(a)是一个正弦波即模拟信号,图 9.2(b)是一个数字脉冲波形即数字信号。在计算机系统中只能识别 1 和 0,对于 STM32F4 芯片,要么输出高电平(3.3V),要么输出低电平(0),

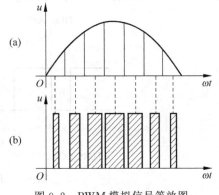

图 9.2 PWM 模拟信号等效图

假如要输出 1.5V 的电压，那么就必须通过相应的原理，比如本次实验所要讲解的 PWM 输出。其实从图 9.2 也可以看到，只要保证数字信号脉宽足够就可以使用 PWM 进行编码，从而输出 1.5V 的电压。

若该输出信号给 LED 灯，由于其电压的不同就导致 LED 灯的亮度也不同，有明有暗。为了控制 LED 灯输出多种亮度等级，可以通过控制输出脉冲的占空比来实现，如图 9.3 所示。

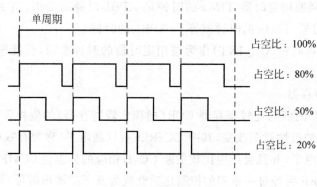

图 9.3　不同的占空比

图 9.3 中列出了周期相同而占空比分别为 100%、80%、50% 和 20% 的脉冲波形，假如利用这样的脉冲控制 LED 灯，即可控制 LED 灯亮灭时间长度的比例。若提高脉冲的频率，LED 灯将会高频率地进行开关切换，由于视觉暂留效应，人眼看不到 LED 灯的开关导致的闪烁现象，而是感觉到使用不同占空比的脉冲控制 LED 灯时的亮度差别。即单个控制周期内，LED 灯亮的平均时间越长，亮度就越高；反之越暗。

2. STM32F4 系列 PWM 介绍

STM32F4 除了基本定时器 TIM6 和 TIM7，其他定时器都可以产生 PWM 输出。其中高级定时器 TIM1 和 TIM8 可以同时产生多达 7 路的 PWM 输出。而通用定时器也能同时产生多达 4 路的 PWM 输出(TIM9～TIM14 最多能产生 2 路)。

PWM 的输出其实就是对外输出脉宽可调(即占空比调节)的方波信号，信号频率由自动重装寄存器 ARR 的值决定，占空比由比较寄存器 CCR 的值决定，因此 CCR 的值不能超过 ARR 自动重载寄存器的值，其示意图如图 9.4 所示。

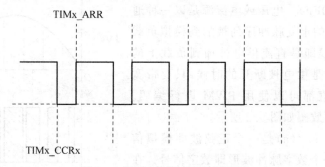

图 9.4　PWM 输出占空比调节图

从图 9.4 中可以看到,PWM 输出频率是不变的,改变的是 CCR 寄存器内的值,此值的改变将导致 PWM 输出信号占空比的改变。占空比其实就是一个周期内高电平时间与周期的比值。

PWM 输出比较模式总共有 8 种,具体由寄存器 CCMRx 的位 OCxM[2:0]配置。这里只介绍最常用的两种 PWM 输出模式:PWM1 和 PWM2。

PWM1 和 PWM2 这两种模式用法差异不大,区别之处就是输出电平的极性不同,如表 9.1 所示。

表 9.1 PWM1 和 PWM2 的区别

模 式	计数器 CNT 计数方式	说 明
PWM1	递增	CNT<CCR,通道 CH 输出高电平
PWM1	递减	CNT≥CCR,通道 CH 输出低电平
PWM2	递增	CNT<CCR,通道 CH 输出低电平
PWM2	递减	CNT≥CCR,通道 CH 输出高电平

PWM 模式根据计数器 CNT 计数方式,可分为边沿对齐模式和中心对齐模式。

(1) PWM 边沿对齐模式。

TIMx_CR1 寄存器中的 DIR 位为低时执行递增计数,计数器 CNT 从 0 计数到自动重载值(TIMx_ARR 寄存器的内容),然后重新从 0 开始计数并生成计数器上溢事件。

(2) PWM 中心对齐模式。

在中心对齐模式下,计数器 CNT 工作在递增/递减模式下。开始的时候,计数器 CNT 从 0 开始计数到自动重载值减 1(ARR−1),生成计数器上溢事件;然后从自动重载值开始向下计数到 1 并生成计数器下溢事件。之后从 0 开始重新计数。

9.6 实验步骤

9.6.1 硬件连接

在 PE5 引脚连接一个 LED 灯,其硬件连接图如图 9.5 所示。

LED1 灯连接到 PE5,是由于其有通用定时器 9 的复用功能,具体的哪些引脚有定时器的复用功能,读者可以查看相关的数据手册。STM32F4 的复用如图 9.6 所示。

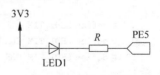

图 9.5 硬件连接图

9.6.2 实验讲解

在该工程中,用户需要创建 3 个文件,分别为 breath_led.h、breath_led.c 以及 main.c,并且在文件 stm32f4xx_it.c 中添加中断服务例程。

1. breath_led.h

常数定义,PERIOD_RATE 表示一个 CCR 寄存器中的值,即一个占空比的值需要重复的次数。具体的值要根据 CCR 寄存器、TIMx_PSC 和 TIMx_ARR 寄存器,以及呼吸的长度进行计算,具体如何计算后面会介绍。NUM_OF_INDEXDUTYRATIO 为数组

Pin number							Pin name (function after reset)(1)	Pin type	I/O structure	Notes	Alternate functions	Additional functions
LQFP100	LQFP144	UFBGA169	UFBGA176	LQFP176	WLCSP143	LQFP208	TFBGA216					
4	4	D1	B2	4		D9	4	B1	PE5	I/O	FT		TRACED2, TIM9_CH1, SPI4_MISO, SAI1_SCK_A, FMC_A21, DCMI_D6, LCD_G0, EVENTOUT	
5	5	D2	B3	5		E8	5	B2	PE6	I/O	FT		TRACED3, TIM9_CH2, SPI4_MOSI, SAI1_SD_A, FMC_A22, DCMI_D7, LCD_G1, EVENTOUT	
-	-	-	-	-		-	-	G6	V$_{SS}$	S				

图 9.6 GPIOE5 引脚复用功能（数据手册截图）

indexDutyRatio 的长度。

```
#define PERIOD_RATE 10
#define NUM_OF_INDEXDUTYRATIO 182
```

根据定时器的描述,在这里需要对相应定时器、定时器的时钟、中断源和中断服务例程进行宏定义。对这些进行宏定义,是为了以后的兼容性。

```
 1
 2  #define LED1_PIN                GPIO_Pin_5
 3  #define LED1_GPIO_PORT          GPIOE
 4  #define LED1_GPIO_CLK           RCC_AHB1Periph_GPIOE
 5  #define LED1_PINSOURCE          GPIO_PinSource5
 6  #define LED1_AF                 GPIO_AF_TIM9
 7
 8  #define LED1_TIM                TIM9
 9  #define LED1_TIM_CLK            RCC_APB2Periph_TIM9
10  #define LED1_TIM_CLK_ENABLE     RCC_APB2PeriphClockCmd
11
12  #define LED1_TIM_IRQn           TIM1_BRK_TIM9_IRQn
13  #define LED1_TIM_IRQHandler     TIM1_BRK_TIM9_IRQHandler
14
15  #define LED1_CCRx               CCR1
16  #define LED1_TIM_CHANNEL        TIM_Channel_1
```

第 5 行用来定义复用功能的引脚;第 6 行用于说明是什么复用功能,从这个宏定义可以看到是通用定时器 9 的复用功能。第 8、9 行用来说明定时器、定时器时钟;第 10 行宏定义的函数名,函数 RCC_APB2PeriphClockCmd()(在文件 stm32f4xx_rcc.c 中定义)是用于启动或禁止外部时钟的,这里用宏定义是由于有些外设连在 APB1 上,有些连在 APB2 上,为了以后的兼容性,这里通过宏定义实现,若将来使用其他定时器,只需在宏定义中替换,而程序不需要其他修改。注意,TIM9 的时钟是 APB2 总线的时钟。第 12、13 行用来说明外部中断源和外部中断服务例程。第 15、16 行的宏定义了比较寄存器和用到的通用寄存器的通道。

同时对外设的配置函数进行说明,具体的实现在 breath_led.c 中。

```
void BreathLED_Config(void);
```

2. breath_led.c

1) 变量说明

在这个文件中包含一个 LED 灯亮度等级表,用一维数组表示,是一个全局变量。通过比较寄存器 CRR 重载完成 PWM 占空比大小的变化。LED 灯亮度等级表可以通过代码生成,也可以在 Excel 中生成。这里是通过 Excel 生成的,一共 182 个数据,最大值是 1000,其数组为

```
uint16_t indexDutyRatio [] = {
0 ,18 ,35 ,52 ,70 ,87 ,105 ,122 ,139,156,
174 ,191,208 ,225,242,259,276,292 ,309,326,
342 ,358,375,391,407,423,438,454 ,470,485,
500,515,530,545,559,574,588,602,616,629,
643,656,669,682,695,707,719,731,743,755,
766,777,788,799,809,819,829,839,848,857,
866,875,883,891,899,906,914,921,927,934,
940,946,951,956,961,966,970,974,978,982,
985,988,990,993,995,996,998,999,999,1000,
1000,1000,1000,999,999,998,996,995,993,990,
988,985,982,978,974,970,966,961,956,951,
946,940,934,927,921,914,906,899,891,883,
875,866,857,848,839,829,819,809,799,788,
777,766,755,743,731,719,707,695,682,669,
656,643,629,616,602,588,574,559,545,530,
515,500,485,470,454,438,423,407,391,375,
358,342,326,309,292,276,259,242,225,208,
191,174,156,139,122,105,87,70,52,35,
18,0
};
```

2) TIM_GPIO_Config()函数介绍

在这个文件中定义了 4 个函数:TIM_GPIO_Config()、TIM_NVIC_Config()、TIM_Mode_Config()和 BreathLED_Config()。

(1) TIM_GPIO_Config()是配置 GPIOE5 引脚的,这里配置与前面的 LED 灯的配置有些不同,该引脚应配置为复用功能,库函数 GPIO_PinAFConfig()(见文件 stm32f4xx_gpio.c)就是完成复用功能的设置,该函数的定义如下:

```
static void TIM_GPIO_Config(void)
{
    GPIO_InitTypeDef GPIO_InitStructure;

    RCC_AHB1PeriphClockCmd (LED1_GPIO_CLK, ENABLE);

    GPIO_PinAFConfig(LED1_GPIO_PORT, LED1_PINSOURCE,LED1_AF);

    GPIO_InitStructure.GPIO_Pin = LED1_PIN;
    GPIO_InitStructure.GPIO_Mode = GPIO_Mode_AF;
    GPIO_InitStructure.GPIO_OType = GPIO_OType_PP;
    GPIO_InitStructure.GPIO_PuPd = GPIO_PuPd_NOPULL;
    GPIO_InitStructure.GPIO_Speed = GPIO_High_Speed;
    GPIO_Init(LED1_GPIO_PORT, &GPIO_InitStructure);
}
```

(2) TIM_NVIC_Config()完成对 NIVC 的初始化,其配置方法在实验 7 已经做了详细介绍,读者可以参考实验 7 来理解这里的设置,其定义如下:

```
static void TIMx_NVIC_Config (void)
{
    NVIC_InitTypeDef NVIC_InitStructure;
    NVIC_PriorityGroupConfig(NVIC_PriorityGroup_1);
    NVIC_InitStructure.NVIC_IRQChannel = LED1_TIM_IRQn;        //设置中断源
    NVIC_InitStructure.NVIC_IRQChannelPreemptionPriority = 0;
    NVIC_InitStructure.NVIC_IRQChannelSubPriority  = 2;
    NVIC_InitStructure.NVIC_IRQChannelCmd = ENABLE;
    NVIC_Init(&NVIC_InitStructure);
}
```

(3) 在函数 TIM_Mode_Config()中,对通用定时器 TIM9 完成了配置。在介绍这个函数之前,先讲一下如何计算占空比。

如实验 8 中的图 8.1 所示,计数器的时钟来自预分频器 PSC 的输出 CK_CNT,而在基本定时器中,PSC 的输入频率可以来自内部时钟,即 CK_PSC=CK_INT,在通用定时器中,其时钟可以来自外部时钟,TIM9 连接到 ABP2 上,其外部时钟是 ABP2 的时钟,它是系统时钟的二分频。我们知道,STM32 的系统时钟频率为

$$f\_hclk = 180 \text{MHz}$$

那么,

$$CK\_PSC = f\_pclk2 = f\_hclk/2 = 90 \text{MHz} \qquad (9.1)$$

由式(8.1)可知,

$$CK\_CNT = CK\_PSC/(TIM\_Prescaler + 1) \qquad (9.2)$$

而一个事件周期的时间由实验 8 的式(8.2)可知:

$$t\_timer\_period = (1/CK\_CNT) \times (TIM\_Period + 1)$$

$$= ((\text{TIM\_Prescaler}+1)/\text{CK\_PSC}) \times (\text{TIM\_Period}+1)$$
$$= (1/90\,000\,000) \times (\text{TIM\_Prescaler}+1) \times (\text{TIM\_Period}+1) \quad (9.3)$$

由于 period_rate 表示一个 CRR 寄存器中的值,即一个占空比的值需要重复的次数,那么一个占空比的时间为

$$t\_point\_dutyratio = t\_timer\_period \times period\_rate \quad (9.4)$$

整个呼吸周期是由数组 indexDutyRatio 中每一个数据被放到 CRR 寄存器中,形成一个占空比后,其时间的总和为

$$t\_cycle\_time = t\_point\_dutyratio \times \text{NUM\_OF\_indexDutyRatio} \quad (9.5)$$

若一个呼吸周期与人的呼吸周期一样,大约 3s,假设是 3.1288s;另外一个约束就是 CRR 比较寄存器的值不能超过 TIM_Period 的值,还有 TIM_Prescaler 越小越好,这样可以减轻闪烁现象。在这些条件下,需要计算 TIM_Prescaler 和 TIM_Period。

我们知道:

$$\text{NUM\_OF\_indexDutyRatio} = 182$$
$$\text{PERIOD\_RATE} = 10 \text{(此参数可以调节)}$$

代入式(9.4)和式(9.5)可计算 t_timer_period 的时间为 $1.719121e-3$ s,然后将此值代入式(9.3)中,可知:

$$t\_timer\_period = (1/90\,000\,000) \times (\text{TIM\_Prescaler}+1) \times (\text{TIM\_Period}+1)$$
$$1.719121e-3 = (1/90\,000\,000) \times (\text{TIM\_Prescaler}+1) \times (\text{TIM\_Period}+1)$$

则

$$(\text{TIM\_Prescaler}+1) \times (\text{TIM\_Period}+1) = 1.5472089e5$$

根据 CRR 比较寄存器的值不能超过 TIM_Period 的值,由于 CRR 里面最大值为 1000 (数组 indexDutyRatio 中的最大值),这里假设

$$\text{TIM\_Period} = 1024 - 1$$

那么

$$\text{TIM\_Prescaler} + 1 = 1.5472089e5/1024 \approx 151$$

这样就计算出 TIM_Period 和 TIM_Prescaler 的值。由于这里有误差,再把这 2 个值代进去,计算呼吸周期时间,最后得到的结果为

$$t\_cycle\_time = 3.10613$$

TIM_Period 和 TIM_Prescaler 的值计算出来后,就可以完成 TIM9 的配置了。其定义如下:

```
1  static void TIM_Mode_Config(void)
2  {
3      TIM_TimeBaseInitTypeDef  TIM_TimeBaseStructure;
4      TIM_OCInitTypeDef   TIM_OCInitStructure;
5  
6      RCC_APB2PeriphClockCmd(LED1_TIM_CLK, ENABLE);
7      TIM_TimeBaseStructure.TIM_Period = 1024 - 1;
```

```
8   TIM_TimeBaseStructure.TIM_Prescaler = 151 - 1;
9   TIM_TimeBaseStructure.TIM_ClockDivision = TIM_CKD_DIV1;
10  TIM_TimeBaseStructure.TIM_CounterMode = TIM_CounterMode_Up;
11  TIM_TimeBaseInit(LED1_TIM, &TIM_TimeBaseStructure);
12
13  //PWM config
14  TIM_OCInitStructure.TIM_OCMode = TIM_OCMode_PWM1;
15  TIM_OCInitStructure.TIM_OutputState = TIM_OutputState_Enable;
16  TIM_OCInitStructure.TIM_Pulse = 0;
17  TIM_OCInitStructure.TIM_OCPolarity = TIM_OCPolarity_Low;
18  TIM_OC1Init(LED1_TIM, &TIM_OCInitStructure);
19  TIM_OC1PreloadConfig(LED1_TIM, TIM_OCPreload_Enable);
20  TIM_ARRPreloadConfig(LED1_TIM, ENABLE);
21  TIM_ITConfig(LED1_TIM,TIM_IT_Update,ENABLE);
22  TIM_Cmd(LED1_TIM, ENABLE);
23  }
```

这里需要解释 3 个函数：TIM_OC1Init()、TIM_OC1PreloadConfig() 和 TIM_ARRPreloadConfig()。

① TIM_OC1Init()：PWM 输出参数包含 PWM 模式、输出极性等。需要设置对应通道 PWM 的输出参数，比如 PWM 模式、输出极性、是否使能 PWM 输出等。PWM 通道设置函数格式如下：

```
void TIM_OCxInit(TIM_TypeDef * TIMx,
                 TIM_OCInitTypeDef * TIM_OCInitStruct);
```

由于每个通用定时器有多达 4 路 PWM 输出通道（对于 TIM9～TIM14 最多有 2 路），所以 TIM_OCxInit 函数名中的 x 值可以为 1/2/3/4。

函数的第一个参数用来选择定时器，第二个参数是一个结构体指针变量。

在函数的第 14～16 行设置为 PWM1 模式、使能输出、初始 PWM 脉冲宽度为 0，定时器计数值小于 CRR1 时为低电平。由 PWM1 产生的输出给 GPIOE5，驱动 LED1 灯的亮灭。

② TIM_OC1PreloadConfig()：使能通道 1 重载。

③ TIM_ARRPreloadConfig()：使能 TIM 重载寄存器 ARR。

（4）BreathLED_Config() 函数非常简单，就是配置 GPIO、中断和定时器。

3. 在 stm32f4xx_it.c 文件中添加中断服务例程

本实验是通过通用定时器 TIM9 产生周期为 t_timer_period 的中断，在中断服务例程中通过根据 indexDutyRatio 数组的值修改比较寄存器 CRR 的值，以修改占空比，达到调整 LED1 灯亮度的目的。由于在中断服务例程中用到了通用定时器和 LED1 灯，因此在文件 stm32f4xx_it.c 的开始要包含有关的头文件：

```
#include "./tim/breathled_tim.h"
#include "./led/led.h"
```

在中断服务例程中完成 CRR 寄存器的修改,其代码如下:

```c
extern uint16_t indexDutyRatio[];
void LED1_TIM_IRQHandler(void)
{
static uint16_t pwm_index = 0;
static uint16_t period_cnt = 0;

if (TIM_GetITStatus(LED1_TIM, TIM_IT_Update) != RESET)//TIM_IT_Update
{
    period_cnt++;
    TIM_SetCompare1(LED1_TIM, indexDutyRatio[pwm_index]);
    if(period_cnt >= PERIOD_RATE)
    {
        pwm_index++;
        if(pwm_index >=   NUM_OF_INDEXDUTYRATIO)
        {
            pwm_index = 0;
        }
        period_cnt = 0;
    }
    else
    {
    }
    TIM_ClearITPendingBit (LED1_TIM, TIM_IT_Update);
}
}
```

在此中断服务例程中对于每一个 CCR 比较寄存器中表示的占空比,都要重复 PERIOD_RATE 次,只有当达到这个次数后,CCR 比较寄存器中的值才发生改变,这样也就改变了占空比,那么灯的亮度也就改变了。

4. main.c

main()函数比较简单,初始化呼吸灯,while 循环什么都不做,等待定时器中断产生:

```c
BreathLED_Config();
while (1)
{

}
```

9.6.3 创建工程

1. 创建工程

将工程模板 template 复制一份到工程目录下,并修改该文件夹的名字,这里改为 ex9_BREATHLED_TIM。启动 Keil μVision5,选择 Project→New μVision Project 会弹出一个文件选项,将新建的工程文件保存在\Project 文件夹下,并命名,这里命名为 breathled_tim,单击"保存"按钮。

2. 创建文件

1) breathled.c 和 breathled.h 文件

在 USR 文件夹下创建文件夹 breathled，并在此文件夹下创建这两个文件。

2) 修改 main.c 文件

在 USR 文件夹中有 main.c 文件，但要修改其代码，不用修改函数 void TimingDelay_Decrement(void)的定义。

3) 修改 stm32f4xx_it.c

在该文件中添加中断服务例程 LED1_TIM_IRQHandler (void)。

3. 添加文件到工程

添加的方法与添加的文件除了组 USR 以外，其余的不变，此处不再赘述。

单击 USR 组，单击 Add Files 按钮添加文件，添加文件夹 USR 中的两个.c 文件，以及 USR\breathled 中的.c 文件。

4. 配置参数

配置参数的方法与实验 4 完全一样，可以参照实验 4 进行配置，注意包含路径需要根据本实验进行设置。

5. 运行

单击 按钮编译代码，成功后，单击 按钮将程序下载到开发板，程序下载后，在 Build Output 选项卡中如果出现 Application running…，则表示程序下载成功；如果没有出现，则按复位键试试。如果运行成功，LED 就会出现呼吸灯的效果。

9.7 实验参考程序

1. 文件夹 breathled

1) breathled.h

```
#include "stm32f4xx.h"

#define PERIOD_RATE 10
#define NUM_OF_INDEXDUTYRATIO 182

/* 引脚定义 */
/* 红色 LED 灯 */
#define LED1_PIN                 GPIO_Pin_5
#define LED1_GPIO_PORT           GPIOE
#define LED1_GPIO_CLK            RCC_AHB1Periph_GPIOE
#define LED1_PINSOURCE           GPIO_PinSource5
#define LED1_AF                  GPIO_AF_TIM9

#define LED1_TIM                 TIM9
#define LED1_TIM_CLK             RCC_APB2Periph_TIM9
#define LED1_TIM_CLK_ENABLE      RCC_APB2PeriphClockCmd
```

```c
#define LED1_TIM_IRQn            TIM1_BRK_TIM9_IRQn
#define LED1_TIM_IRQHandler      TIM1_BRK_TIM9_IRQHandler

#define LED1_CCRx                CCR1
#define LED1_TIM_CHANNEL         TIM_Channel_1

/* 初始化函数的说明 */
void BreathLED_Config(void);
```

2) breathled.c

```c
#include "stm32f4xx_it.h"
#include "./breathled/breathled.h"

uint16_t indexDutyRatio[] = {
0 ,18 ,35, 52 ,70 ,87 ,105 ,122 ,139,156,
174 ,191,208 ,225,242,259,276,292 ,309,326,
342 ,358,375,391,407,423,438,454 ,470,485,
500,515,530,545,559,574,588,602,616,629,
643,656,669,682,695,707,719,731,743,755,
766,777,788,799,809,819,829,839,848,857,
866,875,883,891,899,906,914,921,927,934,
940,946,951,956,961,966,970,974,978,982,
985,988,990,993,995,996,998,999,999,1000,
1000,1000,1000,999,999,998,996,995,993,990,
988,985,982,978,974,970,966,961,956,951,
946,940,934,927,921,914,906,899,891,883,
875,866,857,848,839,829,819,809,799,788,
777,766,755,743,731,719,707,695,682,669,
656,643,629,616,602,588,574,559,545,530,
515,500,485,470,454,438,423,407,391,375,
358,342,326,309,292,276,259,242,225,208,
191,174,156,139,122,105,87,70,52,35,
18,0
};

static void TIM_GPIO_Config(void)
{
    GPIO_InitTypeDef GPIO_InitStructure;

    RCC_AHB1PeriphClockCmd (LED1_GPIO_CLK, ENABLE);

    GPIO_PinAFConfig(LED1_GPIO_PORT, LED1_PINSOURCE,LED1_AF);

    GPIO_InitStructure.GPIO_Pin = LED1_PIN;
    GPIO_InitStructure.GPIO_Mode = GPIO_Mode_AF;
    GPIO_InitStructure.GPIO_OType = GPIO_OType_PP;
    GPIO_InitStructure.GPIO_PuPd = GPIO_PuPd_NOPULL;
```

```c
    GPIO_InitStructure.GPIO_Speed = GPIO_High_Speed;
    GPIO_Init(LED1_GPIO_PORT, &GPIO_InitStructure);
}

static void TIMx_NVIC_Config (void)
{
    NVIC_InitTypeDef NVIC_InitStructure;
    NVIC_PriorityGroupConfig(NVIC_PriorityGroup_1);
    NVIC_InitStructure.NVIC_IRQChannel = LED1_TIM_IRQn;
    NVIC_InitStructure.NVIC_IRQChannelPreemptionPriority = 0;
    NVIC_InitStructure.NVIC_IRQChannelSubPriority = 2;
    NVIC_InitStructure.NVIC_IRQChannelCmd = ENABLE;
    NVIC_Init(&NVIC_InitStructure);
}

static void TIM_Mode_Config(void)
{
    TIM_TimeBaseInitTypeDef   TIM_TimeBaseStructure;
    TIM_OCInitTypeDef    TIM_OCInitStructure;

    LED1_TIM_CLK_ENABLE(LED1_TIM_CLK, ENABLE);
    TIM_TimeBaseStructure.TIM_Period = 1024 - 1;
    TIM_TimeBaseStructure.TIM_Prescaler = 151 - 1;
    TIM_TimeBaseStructure.TIM_ClockDivision = TIM_CKD_DIV1 ;
    TIM_TimeBaseStructure.TIM_CounterMode = TIM_CounterMode_Up;
    TIM_TimeBaseInit(LED1_TIM, &TIM_TimeBaseStructure);

    //PWM config
    TIM_OCInitStructure.TIM_OCMode = TIM_OCMode_PWM1;
    TIM_OCInitStructure.TIM_OutputState = TIM_OutputState_Enable;
    TIM_OCInitStructure.TIM_Pulse = 0;
    TIM_OCInitStructure.TIM_OCPolarity = TIM_OCPolarity_Low;
    TIM_OC1Init(LED1_TIM, &TIM_OCInitStructure);
    TIM_OC1PreloadConfig(LED1_TIM, TIM_OCPreload_Enable);
    TIM_ARRPreloadConfig(LED1_TIM, ENABLE);
    TIM_ITConfig(LED1_TIM,TIM_IT_Update,ENABLE);
    TIM_Cmd(LED1_TIM, ENABLE);
}

void BreathLED_Config(void)
{
    TIM_GPIO_Config() ;
    TIMx_NVIC_Config ();
    TIM_Mode_Config();
}
```

2. 文件夹 USR
1) 在 stm32f4xx_it.c 文件中添加中断服务例程

```c
#include "stm32f4xx_it.h"
#include "main.h"
#include "./breathled/breathled.h"

extern uint16_t indexDutyRatio[];

void LED1_TIM_IRQHandler (void)
{
static uint16_t pwm_index = 0;
static uint16_t period_cnt = 0;

if (TIM_GetITStatus(LED1_TIM, TIM_IT_Update) != RESET)//TIM_IT_Update
    {
        period_cnt++;
        TIM_SetCompare1(LED1_TIM, indexDutyRatio[pwm_index]);
        if(period_cnt >= PERIOD_RATE)
        {
            pwm_index++;
            if(pwm_index >= NUM_OF_INDEXDUTYRATIO )
            {
                pwm_index = 0;
            }
            period_cnt = 0;
        }
        else
        {
        }
        TIM_ClearITPendingBit (LED1_TIM, TIM_IT_Update);
    }
}
```

2) main.c

```c
{
#include "stm32f4xx.h"
#include "./breathled/breathled.h"
#include "main.h"

void TimingDelay_Decrement(void)
{
    int i,j;
    for(i = 0;i < 5;i++)
    {
        j = 5000000;
        while (j >= 0 ) j--;
    }
}

int main(void)
```

```
{
    BreathLED_Config(); //1s Basice tim6 interrupt

    while(1)
    {
    }
}
```

9.8 实验总结

本实验通过定时器及 PWM 完成了呼吸灯的实验,了解了如何在通用寄存器下的 PWM 模式中,通过调节 CCR 寄存器,调整占空比,完成对 LED1 灯的亮度调节。

9.9 思考题

(1) 使用定时器的 PWM 模式完成对 LED1、LED2、LED3 形成的彩灯的控制。
(2) 使用定时器的 PWM 输出控制蜂鸣器输出固定频率的音频信号,从而控制输出一段简单的音乐。

实验 10　USART 通信实验

EXPERIMENT 10

10.1　实验目的

- 熟悉 STM32F4 上的 USART 外设的使用方法；
- 掌握模块化编程思想；
- 了解 SSCOM 串口调试助手软件的使用。

10.2　实验设备

1. 硬件

(1) PC 一台；
(2) STM32F429IGT6 核心板一块；
(3) DAP 仿真器一个。

2. 软件

(1) Windows 7/8/10 系统；
(2) Keil μVision5 集成开发环境；
(3) SSCOM 串口调试助手软件。

10.3　实验内容

在 PC 上使用 SSCOM 串口调试助手软件通过串口通信发送一个或者一串字符给 STM32F4 系列的开发板，开发板收到后通过串口把从 PC 上接收到的信息返回发送给 PC，在 SSCOM 串口调试助手软件上显示。

10.4　实验预习

- 阅读 USART 基本原理；
- 下载 SSCOM 串口调试助手软件，了解其使用方法；

- 阅读 Keil 及 DAP 仿真器的相关资料，熟悉 Keil 集成开发环境和仿真器的使用。

10.5 实验原理

10.5.1 USART 及其通信方式

　　STM32F4 的串口资源相当丰富，功能也相当强大。有分数波特率发生器、通用同步异步收发器(USART)能够灵活地与外部设备进行全双工数据交换，满足外部设备对工业标准 NRZ 异步串行数据格式的要求。USART 通过小数波特率发生器提供了多种波特率。它支持同步单向通信和半双工单向通信；还支持 LIN(局域网)、智能卡协议与 IrDA(红外线数据协议)SIR ENDEC 规范，以及调制解调器操作(CTS/RTS)。它还支持多处理器通信。此外，它还可以通过配置多个缓冲区使用 DMA(直接存储器存取)实现高速数据通信，减轻 CPU 的负担。USART 是 UART(通用异步收发器)的升级版，后面的实验只使用到 USART 的异步全双工模式通信，此时 USART 就相当于 UART。

　　USART 异步全双工串口通信是以帧作为发送的单位。接收端必须随时做好接收帧的准备(因为这种模式没有使用相关硬件流控制，硬件流控制只用于半双工时进行发送或接收提示，使用硬件流控制除了发送数据线 TX 和接收信号线 RX 以外，再额外加上 RTS 请求发送线和 CTS 清除发送线这两根控制信号线)，这就使得一旦错对方的发送，就会丢失数据。发送方无法知道接收方是否已经接收数据，是否接收正确，除非人为编程在接收到一个字节后再通过发送线 TX 告诉发送者自己收到了数据，但是这样效率太低、代价太大，一般不这么做。

　　关于帧的格式，STM32F4 的 USART 提供不同的方案供使用者编程选择以满足不同的需求。帧的首部设有一个比特位并置为低电平(逻辑 0)作为起始位标志帧的开始。与此对应，在帧的尾部设也相应地有一个比特位并置为高电平(逻辑 1)作为结束位标志帧的结束。起始位和结束位中间数据位的长度是可以编程配置的，如图 10.1 所示，可以配置成 8

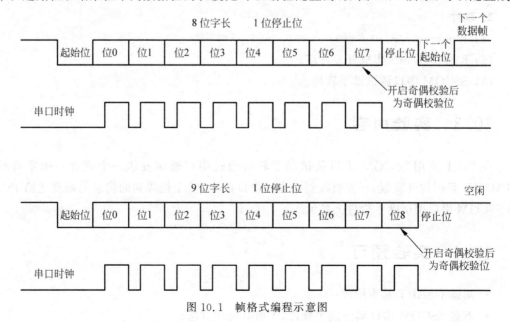

图 10.1　帧格式编程示意图

位或者 9 位。奇偶校验位占用的数据位的最后一位,也就是说,要传输一个字节(8 位)长度的数据,如果使用奇偶校验,则需要把数据位位长配置成 9 位,否则数据位配置成 8 位即可。

10.5.2 STM32F4 的 USART 功能介绍

STM32F4 的 USART 接口通过 3 个引脚从外部连接到其他设备(见图 10.2)。USART 的功能包括 4 部分。

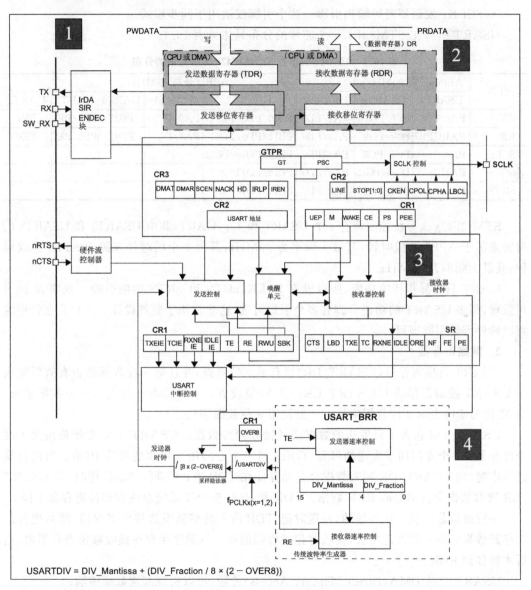

图 10.2 USART 块图

1. 功能引脚
- TX:发送数据输出引脚。
- RX:接收数据输入引脚。
- SW_RX:数据接收引脚。只用于单向和智能卡模式,属于内部引脚,没有外部引脚。

- nRTS：请求以发送（Request To Send），n 表示低电平有效。如果使能 RTS 流控制，当 USART 接收器准备好接收新数据时，就会将 nRTS 变成低电平；当接收寄存器已满时，nRTS 将被设置为高电平。该引脚只适用于硬件流控制。
- nCTS：清除以发送（Clear To Send），n 表示低电平有效。如果使能 CTS 流控制，发送器在发送下一帧数据之前会检测 nCTS 引脚，如果为低电平，则表示可以发送数据；如果为高电平，则在发送完当前数据帧之后停止发送。该引脚只适用于硬件流控制。
- SCLK：发送器时钟输出引脚。这个引脚仅适用于同步模式。

USART 引脚在 STM32F42xxx 芯片的分布具体见表 10.1。

表 10.1　USART 引脚在 STM32F42xxx 芯片中的分布

引脚	ABP2(最高 90MHz)		ABP1(最高 45MHz)					
	USART1	USART6	USART2	USART3	UART4	UART5	UART7	UART8
TX	PA9/PB6	PC6/PG14	PA2/PD2	PB10/PD8/PC10	PA0/PC10	PC12	PF7/PE8	PE1
RX	PA10/PB7	PC7/PG9	PA3/PD6	PB11/PD9/PC11	PA1/PC11	PD12	PF6/PE7	PE0
SCLK	PA8	PG7/PC8	PA4/PD7	PB12/PD10/PC12				
nCTS	PA11	PG13/PG15	PA0/PD3	PB13/PD11				
nRTS	PA12	PG8/PG12	PA0/PD4	PB14/PD12				

STM32F42xxx 系统控制器有 4 个 USART 和 4 个 UART，其中 USART1 和 USART6 的时钟来源于 APB2 总线时钟，其最大频率为 90MHz，其他 6 个的时钟来源于 APB1 总线时钟，其最大频率为 45MHz。

UART 只有异步传输功能，所以没有 SCLK、nCTS 和 nRTS 功能引脚。观察表 10.1 可发现，很多 USART 的功能引脚有多个引脚可选，这非常便于硬件设计——只要在程序编程时软件绑定引脚即可。

2. 数据寄存器

USART 数据寄存器（USART_DR）只有低 9 位有效，并且第 9 位数据是否有效要取决于 USART 控制寄存器 1（USART_CR1）的 M 位设置，当 M 位为 0 时表示 8 位数据字长；当 M 位为 1 时表示 9 位数据字长。一般使用 8 位数据字长。

USART_DR 包含了已发送的数据或者接收到的数据。USART_DR 实际是包含了两个寄存器：一个专门用于发送的可写 TDR；另一个专门用于接收的可读 RDR。当进行发送操作时，向 USART_DR 写入数据会自动存储在 TDR 内；当进行读取操作时，向 USART_DR 读取数据会自动提取 RDR 数据。TDR 和 RDR 都介于系统总线和移位寄存器之间。

串行通信是一位一位传输的，发送时把 TDR 内容转移到发送移位寄存器，然后把移位寄存器数据的每一位发送出去，接收时把接收到的每一位顺序保存在接收移位寄存器内，然后才转移到 RDR。

USART 支持 DMA（Direct Memory Access）传输，可以实现高速数据传输。

3. 控制器

USART 有专门控制发送的发送器、控制接收的接收器，还有唤醒单元、中断控制等。

使用 USART 之前需要将 USART_CR1 寄存器的 UE 位置 1 使能 USART。发送或者接收数据字长可选 8 位或 9 位，由 USART_CR1 的 M 位控制。

（1）发送器。当 USART_CR1 寄存器的发送使能位 TE 置 1 时，启动数据发送，发送移位寄存器的数据会在 TX 引脚输出,如果是同步模式,则 SCLK 也输出时钟信号。

一个字符帧发送需要 3 部分:起始位+数据帧+停止位。

当发送使能位 TE 置 1 之后,发送器开始会先发送一个空闲帧(一个数据帧长度的高电平),接下来就可以向 USART_DR 寄存器写入要发送的数据。然后等待 USART 状态寄存器(USART_SR)的 TC 位为 1,表示数据传输完成,如果此时 USART_CR1 寄存器的 TCIE 位置 1,则产生中断。

(2) 接收器。如果将 USART_CR1 寄存器的 RE 位置 1,使能 USART 接收,则使得接收器在 RX 线开始搜索起始位。在确定到起始位后就根据 RX 线电平状态把数据存放在接收移位寄存器内。接收完成后就把接收移位寄存器数据移到 RDR 内,并把 USART_SR 寄存器的 RXNE 位置 1,同时如果 USART_CR2 寄存器的 RXNEIE 位置 1,则产生中断。

4. 小数波特率生成

如何计算是由库函数处理的,此处不做介绍。

10.5.3 串口通信硬件与实现方法

本次实验的目标是实现 STM32F4 开发板和 PC 的串口通信,STM32 芯片具有多个 USART 外设用于串口通信,即通用同步异步收发器,可以灵活地与外部设备进行全双工数据交换。除了 USART 外设之外,它还有 UART 外设,UART 是在 USART 基础上裁剪掉了同步通信功能,只有异步通信,也就是说,USART 不但有异步通信功能,还有同步通信功能,而 UART 只有异步通信功能。简单区分同步和异步就是看通信时需不需要对外提供时钟输出,我们平时用的串口通信基本都是 UART。

USART 在 STM32F4 中应用最多的莫过于"打印"程序信息,一般在硬件设计时都会预留一个 USART 通信接口连接计算机,用于在调试程序时,可以把一些调试信息"打印"在计算机端的串口调试助手工具上,从而了解程序运行是否正确、指出运行出错位置等。

使用 USART 调试程序非常方便,比如把一些变量的值、函数的返回值、寄存器标志位等通过 USART 发送到串口调试助手,可以清楚程序的运行状态,正式发布程序时再把这些调试信息删除即可。不仅可以将数据发送到串口调试助手,还可以在串口调试助手发送数据给控制器,控制器程序根据接收到的数据进行下一步的工作。

本实验所用开发板采用 USB 转串口这种虚拟串口的方式进行替代。采用 CH340G 芯片进行转换,该芯片实现的是通信方式上的转变。STM32F4 开发板向 PC 发送信息时,该芯片把从开发板串口发送端获得的信息以 USB 协议通信的方式发给 PC。同时 PC 端虚拟出一个串口,并将 CH340G 通过 USB 协议通信方式发来的信息作为虚拟出的串口接收到的信息。PC 向开发板发送信息的过程与此相反。PC 向虚拟串口发信息,虚拟串口实际上是通过 USB 通信把信息发出去的,只是被开发板上的 CH340G 芯片转换成了串口通信的方式发给 STM32F4 开发板。这样双方就好像是在跟对方进行串口通信。

10.6 实验步骤

10.6.1 硬件连接

CH340G 模块连接如图 10.3 所示,可以知道,与 CP2102 芯片相连接的是 STM32F4 的

GPIOA9 和 GPIOA10 引脚,GPIOA9 可以复用成 USART1 的发送引脚 TX,GPIOA10 可以复用成 USART1 的接收引脚 RX,也就是说,串口实验针对 USART1 进行,在编写程序之前要弄清楚这一点,否则接下来编程就不知道针对哪个 I/O 外设配置以及针对哪个 USART 或 UART 进行配置。

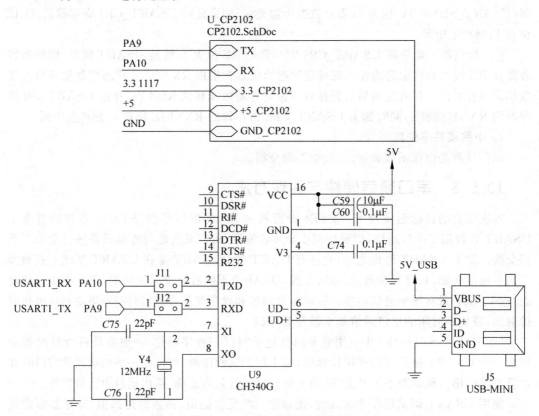

图 10.3 CH340G 模块连接图

10.6.2 实验讲解

在该工程中,用户需要创建 3 个文件,分别为 usart.h、usart.c 以及 main.c,并且要在文件 stm32f4xx_it.c 中添加中断服务例程。

1. usart.h

```
1   #define USARTx                      USART1
2
3   #define USARTx_CLK                  RCC_APB2Periph_USART1
4   #define USARTx_CLOCKCMD             RCC_APB2PeriphClockCmd
5   #define USARTx_BAUDRATE             115200
6
7   #define USARTx_RX_GPIO_PORT         GPIOA
8   #define USARTx_RX_GPIO_CLK          RCC_AHB1Periph_GPIOA
9   #define USARTx_RX_PIN               GPIO_Pin_10
10  #define USARTx_RX_AF                GPIO_AF_USART1
```

```
11  #define USARTx_RX_SOURCE              GPIO_PinSource10
12
13  #define USARTx_TX_GPIO_PORT           GPIOA
14  #define USARTx_TX_GPIO_CLK            RCC_AHB1Periph_GPIOA
15  #define USARTx_TX_PIN                 GPIO_Pin_9
16  #define USARTx_TX_AF                  GPIO_AF_USART1
17  #define USARTx_TX_SOURCE              GPIO_PinSource9
18
19  #define USARTx_IRQn                   USART1_IRQn
20  #define USARTx_IRQHandler             USART1_IRQHandler
21
22  void usartx_Config(void);
23  void send_bit(USART_TypeDef * BUSARTx, char ch);
24  void send_bit_constant(USART_TypeDef * SUSARTx, char * p, uint8_t len);
25  void send_string(USART_TypeDef * SUSARTx, char * p, uint8_t flag);
```

第 1~20 行定义了一些宏,对这里用到的接口进行了宏定义,使得以后若使用其他接口时,只需修改这里的宏定义就可以了,而后面的代码都不需要修改。由于本实验使用的 GPIOA9 和 GPIOA10 作为 USART 通信的发送口和接收口,这个是 USART1,其时钟是 APB2,并且对这两个接口是复用功能,复用 USART1。第 20 行是中断服务例程重命名,也是为了移植的目的。

第 22~25 行是对定义的一些函数的说明,第 22 行是 USART 配置函数,其余分别是发送一个字符、发送多个字符和发送一个字符串的函数的定义说明。

2. usart.c

在这个文件中,就是完成对 usart.h 中说明的那 4 个函数的定义(在 usart.h 的第 22~25 行)以及对标准的输入/输出函数 fputc() 和 fgetc() 的重定向,这样就可以直接使用标准函数,如 printf() 等在串口调试助手上显示字符串。

(1) usart_Config()。完成对 USART 的配置,主要包括对引脚复用功能的配置,具体方法与实验 9 是一样的,只是这里的复用功能是 USART1,不是定时器;中断初始化,配置 NVIC,与前面讲解的一样;将 USART1 的发送和接收引脚分别连接到相应的接口上;配置 USART1 的参数,参数包括波特率、字长、停止位、奇偶校验、是否硬件控制流以及 USART 的模式控制等。最后通过初始化函数完成对 USART1 的配置;再启动串口。这样完成 USART 的配置后,就可以通过 USART1 进行数据的接收与发送。使能中断函数 USART_ITConfig(USARTx, USART_IT_RXNE, ENABLE) 中的参数 USART_IT_RXNE 表示在接收寄存器不为空时发生中断。配置函数的定义如下:

```
//Usart 中断设置
void NVIC_Config(void)
{
    NVIC_InitTypeDef NVIC_InitStructure;

    NVIC_PriorityGroupConfig(NVIC_PriorityGroup_2);              //设置中断优先级组
    NVIC_InitStructure.NVIC_IRQChannel = USARTx_IRQn;            //USART1 中断通道
    NVIC_InitStructure.NVIC_IRQChannelPreemptionPriority = 2;    //抢占优先级别 2
    NVIC_InitStructure.NVIC_IRQChannelSubPriority = 2;           //子优先级 2
```

```c
            NVIC_InitStructure.NVIC_IRQChannelCmd = ENABLE;    //通道使能
            NVIC_Init(&NVIC_InitStructure);                    //根据以上参数调用库函数初始化
}
//配置 USART
void usartx_Config (void)
{
//定义初始化结构体变量
GPIO_InitTypeDef GPIO_InitStructure;
USART_InitTypeDef USART_InitStructure;
/* 本实验会使用到串口 1 和 PA9、PA10 这两个 I/O 口,
因此需要开启串口 1 和 GPIOA9、GPIOA10 这组 I/O 口的时钟. */
RCC_AHB1PeriphClockCmd(USARTx_RX_GPIO_CLK|USARTx_TX_GPIO_CLK,ENABLE);
USARTx_CLOCKCMD(USARTx_CLK, ENABLE);

/* USART1 通信需要使用的 PA9 和 PA10 上电后默认不是其发送和接收引脚,需要进行端口复用设置
后才是,这里进行 I/O 口的端口复用 */
GPIO_PinAFConfig(USARTx_RX_GPIO_PORT,USARTx_RX_SOURCE,USARTx_RX_AF);
GPIO_PinAFConfig(USARTx_TX_GPIO_PORT,USARTx_TX_SOURCE,USARTx_TX_AF);

//I/O 口初始化
GPIO_InitStructure.GPIO_Mode = GPIO_Mode_AF;        //复用功能模式
GPIO_InitStructure.GPIO_Speed = GPIO_Fast_Speed;    //时钟 50MHz
GPIO_InitStructure.GPIO_OType = GPIO_OType_PP;      //推挽模式
GPIO_InitStructure.GPIO_PuPd = GPIO_PuPd_UP;        //上拉

GPIO_InitStructure.GPIO_Pin = USARTx_TX_PIN;
GPIO_Init(USARTx_TX_GPIO_PORT, &GPIO_InitStructure);

GPIO_InitStructure.GPIO_Pin = USARTx_RX_PIN;
GPIO_Init(USARTx_RX_GPIO_PORT, &GPIO_InitStructure);

//USART 初始化
USART_InitStructure.USART_BaudRate = USARTx_BAUDRATE;           //波特率设置
USART_InitStructure.USART_WordLength = USART_WordLength_8b;     //8 位字长
USART_InitStructure.USART_StopBits = USART_StopBits_1;          //一个停止位
USART_InitStructure.USART_Parity = USART_Parity_No;             //无奇偶校验
USART_InitStructure.USART_HardwareFlowControl = USART_HardwareFlowControl_None; //无硬件
                                                                                //流控制
USART_InitStructure.USART_Mode = USART_Mode_Rx | USART_Mode_Tx; //收发全双工模式
USART_Init(USARTx, &USART_InitStructure);                       //用以上参数调用库函数初始化

USART_ITConfig(USARTx, USART_IT_RXNE, ENABLE);      //使能串口中断
USART_Cmd(USARTx, ENABLE);                          //开启串口
}
```

(2) send_bit()。完成一个字符的发送。在固件库中,有一个函数 USART_SendData()定义了从一个串口发送一个字符,该函数是在文件 stm3f4xxx_usart.c 中定义的,它有两个参数:第一个参数是串口号,可以是串口 1~8,通过宏 USARTx,x 为 1、2、3、4、5、6、7、8 之一;第二个参数为要发送的数据。另一个函数 USART_GetFlagStatus()用于判断发送是否结

束,该函数也在文件 stm3f4xxx_usart.c 中定义,它有两个参数:第一个参数是串口号,第二个参数为要检查的标志,比如这里要检查是否发送完成,那么这个参数就用 USART_FLAG_TC。send_bit()函数的定义如下:

```
// send_bit:从串口发送一个字节出去的函数
void send_bit(USART_TypeDef *BUSARTx, char ch)
{
  USART_SendData(BUSARTx, ch);
  while(USART_GetFlagStatus(BUSARTx,USART_FLAG_TC)!= SET);
  //等待 USARTx 发送完毕,通过判断串口发送完毕标志位实现
}
```

(3) send_bit_constant()和 send_string()是完成发送一定长度的字符和发送一个字符串函数,与发送一个字符类似,此处不再赘述。

(4) fputc()和 fgetc()函数的重定向。

这里给出 fputc()的代码如下:

```
int fputc(int ch, FILE *f)
{
    USART_SendData(USARTx, (uint8_t) ch);
    while (USART_GetFlagStatus(USARTx, USART_FLAG_TXE) == RESET);
    return (ch);
}
```

3. 在 stm32f4xx_it.c 文件中添加中断服务例程

```
/*串口的中断处理函数,在中断函数中将 USARTx 接收寄存器接收的字节存入 buffer 数组,并用 count 标记接收到的字符数*/
void USARTx_IRQHandler(void)
{
  static u8 i = 0;              //记录当前中断接收的是完整字符串的第几个字节
  if(USART_GetITStatus(USART1, USART_IT_RXNE)!= RESET)   //判断是否接收到了一个字节
  {
    if(count == 0)
    {//如果 buffer 没有有效数据,则将接收到的字节存入 buffer
        buffer[i] = USART_ReceiveData(USART1);
        if(buffer[i] == '\n')   //检查是否接收到 PC 发过来的结束标志
        {
            count = i + 1;      //若接收到结束标志,则用 count 标记接收的字符串有多少字符
            i = 0;
        }
        else
            i++;
    }
  }
}
```

4. main.c 文件

当开发板的 USART 的接收寄存器有数据时,就会产生一个接收中断,转去执行中断服务例程,该例程将接收数据寄存器中的数据存放到数据缓冲区 buffer 中,数据是否接收完毕,以接收到的字符是否为"\n"为标志,若接收到"\n",则表示当前发送的字符已经完成。这样就把从计算机接收的字符存到 buffer 中,然后,开发板再将 buffer 中的字符发送给计算机,以便在串口软件助手中显示。在 main()函数中完成该功能,其代码如下:

```
void main(void)
{
    usartx_Config();

    printf("receive the string\r\n");
    send_string(USARTx,"uart test\r\n");
    send_bit_constant(USARTx,"USART TEST",10);

    while(1)
    {
        if(count)
            {//当接收到完整字符串后全部发回 PC
            send_bit_constant(buffer,count);
                count = 0;
            }
    }
}
```

10.6.3 串口调试助手

串口调试助手可以用来调试串口通信程序。这时串口调试工具作为一端,串口通信程序作为另外一端。调试时,一端发送,另外一端接收。串口调试助手发送数据,如果串口功能正常,那么串口调试助手的接收窗口会有数据回显。

串口调试助手通常工作在以下 3 种方式。

1) 使用十六进制调试

使用十六进制调试,使用十六进制调试串口的数据,接收到的信息也以十六进制显示,同时发送的信息也按照十六进制格式解析发送。

2) 使用字符串收发

如果选中了 ASCII 显示复选框,那么进入 ASCII 码传送方式。在该模式下,收到和发送的字符串将原样显示与发送。

注:如果有非 ASCII 码字符,可能不会正确显示。

3) 使用文件传输功能

使用文件传输功能,可在两台计算机上传输文件,这对于某些特定场合可以用到该功能。首先由接收一端在打开串口后,单击接收文件按钮。选择文件后,单击发送按钮,文件开始传输,这时两端都可以看到发送的进度条。发送完毕后,软件会给出提示。

在本实验中,为了调试 USART 串口通信,我们用到了串口的软件调试助手,这里是通过 USB 完成串口通信的。在通信中,一端 USB 连接到 PC,另一端 USB 连接到开发板上。在 PC 上运用串口调试助手软件,可以向开发板发送字符,还可以在开发板上发送字符给 PC,这样在串口调试助手上就可以看到发送的字符。

10.6.4 创建工程

1. 创建新工程

将工程模板 template 复制一份到工程目录下,并修改该文件夹的名字,这里改为 ex10_USART。启动 Keil μVision5,选择 Project→New μVision Project,会弹出一个文件选项,将新建的工程文件保存在\Project 文件夹下,并命名为 usart,单击"保存"按钮。

2. 创建文件

1) usart.c 和 usart.h 文件

在 USR 文件夹下创建一个文件夹 usart,并在此文件夹下创建文件 usart.c 和 usart.h。

2) 修改 main.c 文件

在 USR 文件夹中有 main.c 文件,但要修改其代码,不用修改函数 void TimingDelay_Decrement(void)的定义。

3) 修改 stm32f4xx_it.c

在该文件中添加中断服务例程 USARTx_IRQHandler(void)。

3. 添加文件到工程

添加的方法与添加的文件除了组 USR 以外,其余的不变,此处不再赘述。

单击 USR 组,单击 Add Files 按钮添加文件,添加文件夹 USR 中的两个.c 文件,以及 USR\usart 中的.c 文件。

4. 配置参数

配置参数的方法,与实验 5 完全一样,可以参照实验 5 进行配置,注意包含路径需要根据本实验进行设置。需要注意的是,在 Target 选项卡中,此实验一定要选中 Use MicroLIB 选项。

5. 运行

(1) 在 PC 上打开串口调试助手,这里用的是 SSCOM 串口调试助手。选择合适的 COM 口,将波特率设置成串口 1 程序初始化的那个波特率参数,即 115200。在没有选中"HEX 发送"时,计算机是以 ASCII 码的形式向开发板发送的。由于在 Windows 操作系统下另起一行的控制字符是"\r"和"\n",故需要选中"回车换行"选项。这意味着单击"发送"按钮发送所输入字符串后会自动发送控制字符,这样 PC 收到从开发板发回的数据后换行显示。此外,在串口接收中断处理函数中以"\n"作为发送结束标志,这就要求一串字符发送以后需要有"\n"控制字符来标记结束。参数设置如图 10.4 所示。

(2) 单击 按钮编译代码,成功后,单击 按钮将程序下载到开发板,程序下载后,在 Build Output 选项卡中如果出现 Application running…,则表示程序下载成功。

(3) 当在输入窗口,输入一个字符串并发送后,单片机就会在中断里面逐个接收到字符,并发送出去,并存储到 buffer 中,若检查到"\n"则给 count 赋值,中断返回后根据 count 的值把数据发回 PC,这时就会在输出窗口显示这个字符串,如图 10.5 所示。

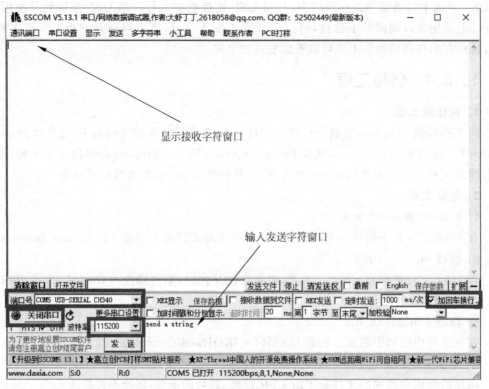

图 10.4 串口调试助手参数设置

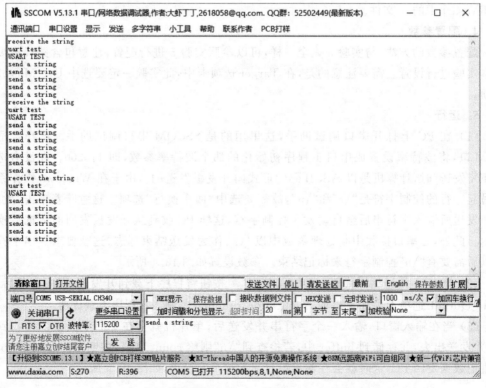

图 10.5 在串口调试助手窗口显示由串口助手接收的字符串

10.7 实验参考程序

1. 文件夹 usart

1) usart.h

```c
#ifndef __USART_H
#define __USART_H

#include "stm32f4xx.h"
#include <stdio.h>

//引脚定义
/***************************************************************/

/* 不同的串口挂载的总线不一样,时钟使能函数也不一样,移植时要注意
 * 串口1 和 6 是 RCC_APB2PeriphClockCmd
 * 串口2/3/4/5/7 是 RCC_APB1PeriphClockCmd
 */
#define USARTx                      USART1
#define USARTx_CLK                  RCC_APB2Periph_USART1
#define USARTx_CLOCKCMD             RCC_APB2PeriphClockCmd
#define USARTx_BAUDRATE             115200    //串口波特率

#define USARTx_RX_GPIO_PORT         GPIOA
#define USARTx_RX_GPIO_CLK          RCC_AHB1Periph_GPIOA
#define USARTx_RX_PIN               GPIO_Pin_10
#define USARTx_RX_AF                GPIO_AF_USART1
#define USARTx_RX_SOURCE            GPIO_PinSource10

#define USARTx_TX_GPIO_PORT         GPIOA
#define USARTx_TX_GPIO_CLK          RCC_AHB1Periph_GPIOA
#define USARTx_TX_PIN               GPIO_Pin_9
#define USARTx_TX_AF                GPIO_AF_USART1
#define USARTx_TX_SOURCE            GPIO_PinSource9

#define USARTx_IRQHandler   USART1_IRQHandler
#define USARTx_IRQn USART1_IRQn

/***************************************************************/
#define uart_receive_size 100                //定义串口最大接收缓存大小
  extern u8 buffer[uart_receive_size];       //在 stm32f4xx_it.c 定义
  extern u8 count; //在 stm32f4xx_it.c 定义,count 为缓存中接收到有效数据的个数

/* Exported functions ------------------------------------------------ */
 void usartx_Config(void);
 void send_bit(USART_TypeDef * BUSARTx, char ch);
 void send_bit_constant(USART_TypeDef * SUSARTx, char * p, uint8_t len);
 void send_string(USART_TypeDef * SUSARTx, char * p);

#endif /* __USART_H */
```

2) usart.c

```c
#include "./usart/usart.h"

void NVIC_Config(void)
{
    NVIC_InitTypeDef NVIC_InitStructure;

    NVIC_PriorityGroupConfig(NVIC_PriorityGroup_2);
    NVIC_InitStructure.NVIC_IRQChannel = USARTx_IRQn;
    NVIC_InitStructure.NVIC_IRQChannelPreemptionPriority = 2;
    NVIC_InitStructure.NVIC_IRQChannelSubPriority  = 2;
    NVIC_InitStructure.NVIC_IRQChannelCmd = ENABLE;
    NVIC_Init(&NVIC_InitStructure);
}

void usartx_Config(void)
{
GPIO_InitTypeDef GPIO_InitStructure;
USART_InitTypeDef USART_InitStructure;

RCC_AHB1PeriphClockCmd(USARTx_RX_GPIO_CLK|USARTx_TX_GPIO_CLK,ENABLE);
USARTx_CLOCKCMD(USARTx_CLK, ENABLE);


GPIO_InitStructure.GPIO_Mode = GPIO_Mode_AF;
GPIO_InitStructure.GPIO_Speed = GPIO_Fast_Speed;
GPIO_InitStructure.GPIO_OType = GPIO_OType_PP;
GPIO_InitStructure.GPIO_PuPd = GPIO_PuPd_UP;

GPIO_InitStructure.GPIO_Pin  = USARTx_TX_PIN;
GPIO_Init(USARTx_TX_GPIO_PORT, &GPIO_InitStructure);

GPIO_InitStructure.GPIO_Pin  = USARTx_RX_PIN;
GPIO_Init(USARTx_RX_GPIO_PORT, &GPIO_InitStructure);

GPIO_PinAFConfig(USARTx_RX_GPIO_PORT,USARTx_RX_SOURCE,USARTx_RX_AF);
GPIO_PinAFConfig(USARTx_TX_GPIO_PORT,USARTx_TX_SOURCE,USARTx_TX_AF);

USART_InitStructure.USART_BaudRate = USARTx_BAUDRATE;
USART_InitStructure.USART_WordLength = USART_WordLength_8b;
USART_InitStructure.USART_StopBits = USART_StopBits_1;
USART_InitStructure.USART_Parity = USART_Parity_No;
USART_InitStructure.USART_HardwareFlowControl =
USART_HardwareFlowControl_None;
USART_InitStructure.USART_Mode = USART_Mode_Rx | USART_Mode_Tx;

USART_Init(USARTx, &USART_InitStructure);

NVIC_Config();
```

```c
  USART_ITConfig(USARTx, USART_IT_RXNE, ENABLE);
  USART_Cmd(USARTx, ENABLE);
}

//发送一个字符,等待其发送完毕后才返回
void send_bit(USART_TypeDef * BUSARTx, char ch)
{
  USART_SendData(BUSARTx, ch);
  while(USART_GetFlagStatus(BUSARTx,USART_FLAG_TC)!= SET);
}


//发送长度为 len 的字节流
void send_bit_constant(USART_TypeDef * SUSARTx,char * p,uint8_t len)
{
    while(len -- )
    {
        USART_SendData(SUSARTx, * p);
    while(USART_GetFlagStatus(SUSARTx,USART_FLAG_TC)!= SET);
        p++;
    }
}


//发送一字符串,该字符串必须要以'\0'结尾,不发送结尾标志'\0'
void send_string(USART_TypeDef * SUSARTx,char * p)
{
    for(; * p!= '\0' ; p++)//直到检查到字符串结束标志'\0'后才停止发送
    {
        USART_SendData(SUSARTx, * p);
        while(USART_GetFlagStatus(SUSARTx,USART_FLAG_TC)!= SET);
    }
}


//重定向 c 库函数 printf 到串口,重定向后可使用 printf 函数
int fputc(int ch, FILE * f)
{
    USART_SendData(USARTx, (uint8_t) ch);
    while (USART_GetFlagStatus(USARTx, USART_FLAG_TXE) == RESET);
    return (ch);
}

//重定向 c 库函数 scanf 到串口,重写向后可使用 scanf、getchar 等函数
int fgetc(FILE * f)
{
    while (USART_GetFlagStatus(USARTx, USART_FLAG_RXNE) == RESET);
    return (int)USART_ReceiveData(USARTx);
}
/************************* END OF FILE *********************/
```

2. stm32f4xx_it.c 的中断服务例程

```c
#include "./usart/usart.h"
...
/* Private variables ---------------------------------------------------------*/
u8 buffer[uart_receive_size];
u8 count;
...
void USARTx_IRQHandler(void)
{
    static u8 i = 0;        //记录当前中断接收的是完整字符串的第几个字节
    if(USART_GetITStatus(USART2, USART_IT_RXNE)!= RESET)//判断是否接收到了一个字节
    {
        if(count == 0)
        {//如果 buffer 没有有效数据,则将接收到的字节存入 buffer
            buffer[i] = USART_ReceiveData(USART2);
            if(buffer[i] == '\n')//检查是否接收到 PC 发过来的结束标志
            {
                count = i + 1;    //若接收到结束标志,则用 count 标记接收的字符串有多少字符
                i = 0;
            }
            else
                i++;
        }
    }
}
```

3. main.c

```c
#include "stm32f4xx.h"
#include "./usart/usart.h"

void main(void)
{
    usartx_Config();

    printf("receive the string\n");
    send_string(USARTx,"uart test\n\r",0);
    send_bit_constant(USARTx,"USART TEST\r\n",10);

    while(1)
    {
        if(count)
        {//当接收到完整字符串后全部发回 PC
            send_bit_constant(buffer,count);
            count = 0;
        }
    }
}
```

10.8 实验总结

本实验运用USART完成了串口通信,通过开发板接收字符引发一个接收中断,将该字符串发送给PC。该实验通过串口调试助手软件完成了调试。

10.9 思考题

(1) 使用USART完成对LED灯的控制,当输入1、2、3时,分别让红、绿、蓝LED灯亮。
(2) 在不适用中断服务例程时,如何使用USART完成对蜂鸣器的控制?

实验 11　I²C 通信实验

EXPERIMENT 11

11.1　实验目的

- 熟悉 STM32F4 上的 I²C 外设的使用方法；
- 掌握模块化编程思想；
- 了解 SSCOM 串口调试助手软件的使用方法。

11.2　实验设备

1. 硬件

（1）PC 一台；
（2）STM32F429IGT6 核心板一块；
（3）DAP 仿真器一个。

2. 软件

（1）Windows 7/8/10 系统；
（2）Keil μVision5 集成开发环境；
（3）SSCOM 串口调试助手软件。

11.3　实验内容

本实验使用开发板的内置外设进行硬件 I²C 通信。首先是将 PC 从开发板串口发到开发板中的数据通过 I²C 通信存入 AT24C02。然后通过 I²C 通信读取 AT24C02 并将读到的内容通过串口发回 PC 显示。

11.4　实验预习

- 了解 I²C 基本原理；
- 下载 SSCOM 串口调试助手软件，了解其使用方法；

- 阅读 Keil 及 DAP 仿真器的相关资料,熟悉 Keil 集成开发环境和仿真器的使用。

11.5 实验原理

11.5.1 I²C 通信介绍

I²C(Inter Integrated Circuit)通信协议是由 Philips 公司开发的,在硬件上,I²C 总线只需要一根 SDA 数据线和一根 SCL 时钟线即可实现通信。由于它引脚少,硬件实现简单,可扩展性强,这样简单的硬件电路降低了系统成本,提高了系统可靠性。而且模块间关联耦合性小,很容易标准化和模块化,现在广泛用于系统内多个集成电路(IC)间的通信。

I²C 通信可以实现真正的多主机通信,如果两个或多个主机同时需要进行数据传输,那么可以通过冲突检测和仲裁防止数据破坏。每个连接到 I²C 总线上的器件都有唯一的地址。任何器件都既可以作为主机也可以作为从机,但同一时刻只允许有一个主机。数据传输和地址设定由软件设定,非常灵活。I²C 总线上的器件增加和删除不影响其他器件的正常工作。通信速度和连接到相同总线上的器件数量只受总线最大电容的限制。通信速度在标准模式下可达 100kbps,快速模式下可达 400kbps,高速模式下可达 3.4Mbps。但目前 STM32F4 只支持标准模式和快速模式,不支持高速模式。此外,I²C 总线的抗噪声、抗干扰性也很强,可以兼容不同电压等级的器件且工作温度范围广。

在传送数据时,主机先启动总线传送数据同时产生时钟,此时任何被寻址的器件均被认为是从机。在总线上主和从、发和收的关系不是恒定的,而取决于此时访问方向和数据传送方向。如果 A 要发送数据给 B,那么 A 首先寻址 B,然后主动发送数据至 B,最后由 A 终止数据传送。此时 A 是主机,B 是从机,A 是发送方,B 是接收方。如果 A 要从 B 中读数据,那么首先由 A 寻址 B,然后 A 接收 B 发送的数据,最后由 A 终止接收过程。此时 A 仍是主机,B 是从机(虽然在 A 接收 B 发送的数据时,B 是发送方,A 是接收方)。主机从机的判断取决于访问方向,以上两个示例都是 A 访问 B,只不过是访问方式不同,所以 A 始终是主机,B 始终是从机。不管是读还是写,总之 I²C 总线上的时钟信号都是由主机 A 提供的,即使在读数据时的某一个阶段 A 是接收方。

I²C 接口在工作时可选用以下 4 种模式之一:从发送器、从接收器、主发送器和主接收器。

关于 I²C 总线的硬件特性,总线上的设备在向对方发送时钟或者数据时都是以开漏的方式与总线进行连接,且总线上具有上拉电阻上拉至 VCC 高电平。

11.5.2 STM32F4 的 I²C 接口框图

I²C 接口框图如图 11.1 所示。

I²C 包括通信引脚、时钟控制逻辑、数据控制逻辑和整体控制逻辑。

STM32 芯片有多个 I²C 外设,它们的 I²C 通信信号引出到不同的 GPIO 引脚上,见表 11.1。使用时必须配置到这些指定的引脚,以《STM32F4xx 规格书》中的说明为准。

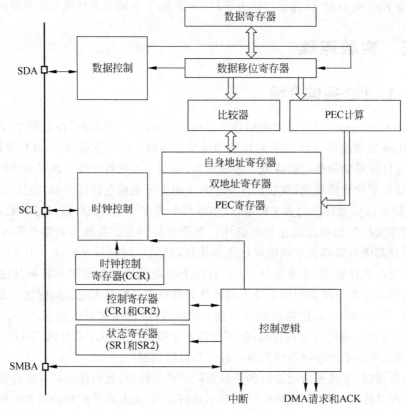

图 11.1 I²C 接口框图

表 11.1 STM32 I²C 的通信信号

引 脚	I²C 编号		
	I²C1	I²C2	I²C3
SCL	PB6/PB10	PH4/PF1/PB10	PH7/PA8
SDA	PB7/PB9	PH5/PF0/PB11	PH8/PC9

时钟控制逻辑是 SCL 线的时钟信号，由 I²C 接口根据时钟控制寄存器（CCR）控制，控制的参数主要为时钟频率。

数据控制逻辑是 I²C 的 SDA 信号，主要连接到数据移位寄存器上，数据移位寄存器的数据来源及目标是数据寄存器（DR）、地址寄存器（OAR）、PEC 寄存器以及 SDA 数据线。

整体控制逻辑负责协调整个 I²C 外设，控制逻辑的工作模式根据我们配置的"控制寄存器（CR1/CR2）"的参数而改变。

11.5.3 I²C 总线的信号类型及其实现方法

1. 起始信号和终止信号

起始信号是在 SCL 时钟线为高电平时把 SDA 数据线由高电平拉成低电平。终止信号是在 SCL 时钟线为高电平时把 SDA 数据线由低电平拉成高电平，如图 11.2 所示。

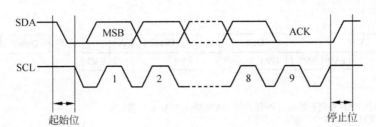

图 11.2 起始终止信号示意图

2. 数据信号与应答信号

当数据线 SDA 电平稳定(此时由发送方控制线上电平状态),把时钟线由低电平拉到高电平之后,接收方开始采样读取电平逻辑信息。接收方采样 8 次后控制 SDA 线的高低电平做出一个应答信号(高电平无应答,低电平有应答)。在第九次主机将 SCL 线由低拉高后发送方开始采样,查看接收方是否接收成功,整个过程中的时钟是由主机提供的,与主机是发送方还是接收方无关,电平信号示意图如图 11.3 所示。

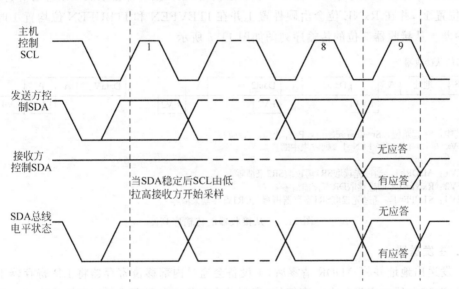

注:若是电平状态前后没有发生改变并非如图所示跳变到一半再跳变回来,这样画图只是为了使位与位之间间隔更明显

图 11.3 数据信号与应答信号示意图

11.5.4 I^2C 的工作模式

默认情况下,I^2C 接口在从模式下工作。要将工作模式由默认的从模式切换为主模式,需要生成一个起始位。

1. 从发送器

在接收到地址并将状态寄存器的 ADDR 清零后,从设备会通过内部移位寄存器将 DR 寄存器中的字节发送到 SDA 线。从设备会延长 SCL 低电平时间,直到 ADDR 位清零且 DR 寄存器中填满待发送数据为止。从发送器的 7 位传输时序如图 11.4 所示。

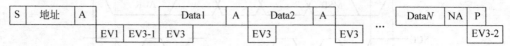

其中，S=起始位，Sr=重复起始位，P=停止位，A=应答，NA=非应答，
EVx=事件(如果ITEVFEN=1，则发生中断)。

EV1：ADDR=1，通过先读取SR1再读取SR2来清零。
EV3-1：TxE=1，移位寄存器为空，数据寄存器为空，在DR中写入Data1。
EV3：TxE=1，移位寄存器非空，数据寄存器为空，通过对DR执行写操作来清零。
EV3-2：AF=1，通过在SR1寄存器的AF位写入"0"将AF清零。

图11.4　从发送器的传输序列图

2．从接收器

在接收到地址并将 ADDR 位清零后，从设备会通过内部移位寄存器接收 SDA 线中的字节并将其保存到 DR 寄存器。在每个字节接收完成后，接口都会依次发出应答脉冲(如果 ACK 位置1)，并在 RxNE 位会由硬件置1并在 ITEVFEN 和 ITBUFEN 位均置1时生成一个中断。从接收器 7 位的传输序列图如图 11.5 所示。

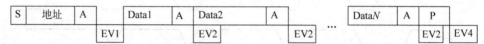

其中，S=起始位，Sr=重复起始位，P=停止位，A=应答，
EVx=事件(如果ITEVFEN=1，则发生中断)。

EV1：ADDR=1，通过先读取SR1再读取SR2来清零。
EV2：RxNE=1，通过读取DR寄存器清零。
EV4：STOPF=1，通过先读取SR1寄存器再写入CR1寄存器来清零。

图11.5　从接收器的传输序列图

3．主发送器

在发送出地址并将 ADDR 清零后，主设备会通过内部移位寄存器将 DR 寄存器中的字节发送到 SDA 线。主设备会一直等待，直到首个数据字节被写入 I^2C_DR 为止。在接收到应答脉冲后，TxE 位会由硬件置1并在 ITEVFEN 和 ITBUFEN 位均置1时生成一个中断。如果在上一次数据传输结束之前 TxE 位已置1但数据字节尚未写入 DR 寄存器，则 BTF 位会置1，而接口会一直延长 SCL 低电平，等待 I^2C_DR 寄存器被写入，以将 BTF 清零。

若已经发送完数据，需要结束通信，当最后一个字节写入 DR 寄存器后，软件会将 STOP 位置1以生成一个停止位。接口会自动返回从模式(M/SL 位清零)。其 7 位的主发送器的传输序列图如图 11.6 所示。

4．主接收器

完成地址传输并将 ADDR 位清零后，I^2C 接口会进入主接收模式。在此模式下，接口会通过内部移位寄存器接收 SDA 线中的字节并将其保存到 DR 寄存器。在每个字节传输结束后，接口都会依次发出应答脉冲(如果 ACK 位置1)，RxNE 位置1并在 ITEVFEN 和

7位主发送器

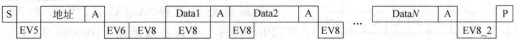

其中，S=起始位，Sr=重复起始位，P=停止位，A=应答，
EVx=事件(如果 ITEVFEN=1，则出现中断)。

EV5：SB=1，通过先读取SR1寄存器再将地址写入DR寄存器来清零。
EV6：ADDR=1，通过先读取SR1寄存器再读取SR2寄存器来清零。
EV8_1：TxE=1，移位寄存器为空，数据寄存器为空，在DR中写入Data1。
EV8：TxE=1，移位寄存器非空，数据寄存器为空，该位通过对DR寄存器执行写操作清零。
EV8_2：TXE=1，BTF=1，程序停止请求。TxE和BTF由硬件通过停止条件清零。
EV9：ADD10=1，通过先读取SR1寄存器再写入DR寄存器来清零。

图 11.6　主发送器的传输序列图

ITBUFEN 位均置 1 时生成一个中断。

如果在上一次数据接收结束之前 RxNE 位已置 1 但 DR 寄存器中的数据尚未读取，则 BTF 位会由硬件置 1，而接口会一直延长 SCL 低电平，等待 I^2C_DR 寄存器被写入，以将 BTF 清零。

若已经接收完数据，需要结束通信，主设备会针对自从设备接收的最后一个字节发送 NACK。在接收到此 NACK 之后，从设备会释放对 SCL 和 SDA 线的控制。随后，主设备可发送一个停止位/重复起始位。

生成停止位后，接口会自动返回从模式。其 7 位的主接收器的传输序列图如图 11.7 所示。

7位主接收器

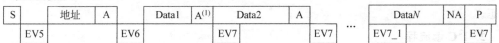

其中，S=起始位，Sr=重复起始位，P=停止位，A=应答，NA=非应答，
EVx=事件(如果 ITEVFEN=1，则出现中断)。

EV5：SB=1，通过先读取SR1寄存器再写入DR寄存器来清零。
EV6：ADDR=1，通过先读取SR1寄存器再读取SR2寄存器来清零，在10位主接收器模式下，执行此序列后应在SART=1的情况下写入CR2。
如果接收1个字节，则必须在EV6事件期间(即将ADDR标志清零之前)禁止应答。
EV7：RxNE=1，通过读取DR寄存器来清零。
EV7_1：RxNE=1，通过读取DR寄存器、设定ACK=0和STOP请求来清零。
EV9：ADD10=1，通过先读取SR1寄存器再写入DR寄存器来清零。

图 11.7　主接收器的传输序列图

11.5.5　I^2C 接口芯片 AT24C02 介绍

AT24C02 这款 EEPROM 芯片，它是 ATMIL 公司开发的 256B 大小的存储芯片。EEPROM 芯片最常用的通信方式就是 I^2C 协议，其 I^2C 设备地址可以通过 A0～A2 引脚的高低电平与 4 位固定值(1010b)组合起来进行寻址，也就是说，一条 I^2C 总线最多可以挂载 $2^3=8$ 块这种类型的芯片。设备地址总共只占字节的高 7 位，字节的最低位是读写位(逻辑 0 表示写操作，而逻辑 1 表示读操作)，如图 11.8 所示。在向 AT24C02 发送起始信号后需要再发送的地址就是这个组合字节。

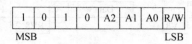

图 11.8 设备地址及读写标志组合字节

按照此处的连接，A0/A1/A2 均为 0，所以 EEPROM 的 7 位设备地址是 1010000b，即 0x50。由于 I^2C 通信时常常是地址与读写方向连在一起构成一个 8 位数，且当 R/W 位为 0 时，表示写方向，所以加上 7 位地址，其值为 0xA0，常称该值为 I^2C 设备的"写地址"；当 R/W 位为 1 时，表示读方向，加上 7 位地址，其值为 0xA1，常称该值为"读地址"。

AT24C04 中存在页的概念，一页的大小为 8B，如果在单页的范围内，存储地址累加，若超过该页的最大地址，则存储地址回到页开始处。所以对于连续读和连续写而言，最大的操作字节数为 8。若需要操作的字节内容超过 8B，则需要进行翻页操作，即写入下一页的起始存储地址。

11.5.6　I^2C 读写流程小结

1. I^2C 写流程

（1）检测 SDA 是否空闲；
（2）按 I^2C 协议发出起始信号；
（3）发出 7 位期间地址和写模式；
（4）要写入的存储区的首地址；
（5）用页写入方式或者字节写入方式写入数据；
（6）发送 I^2C 通信结束信号。

每个操作之后要检测事件确定是否成功，写完检测 EEPROM 是否进入了 Standby 状态。

2. I^2C 读流程

（1）检测 SDA 是否空闲；
（2）按 I^2C 协议发出起始信号；
（3）发出 7 位器件地址和写模式（伪写）；
（4）发出要读取的存储首地址；
（5）重发起始信号（记住）；
（6）发出 7 位器件地址和读模式；
（7）接收数据；
（8）发送 I^2C 通信结束信号。

每个操作之后要检测事件确定是否成功。

11.6　实验步骤

11.6.1　硬件连接

本实验通过使用开发板的内置外设进行硬件 I^2C 通信。首先是将 PC 从开发板串口发到开发板中的数据通过 I^2C 通信存入 AT24C02。然后通过 I^2C 通信读取 AT24C02 并将读到的内容通过串口发回 PC 上显示。根据实验 10 USART 通信的内容可以知道,USART 通信占用了 USART1 以及复用 PA9 和 PA10 引脚。根据数据手册上的描述可以知道,PB6 可以复用成 I^2C1 的 SCL,PB7 可以复用成 I^2C1 的 SDA。将这两个引脚分别于外接 AT24C02 模块的 SCL 和 SDA 引脚用杜邦线相连就可完成硬件连线,如图 11.9 所示。

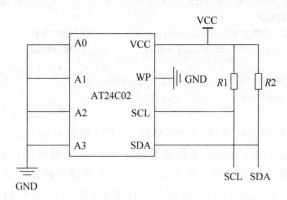

图 11.9 AT24C02 模块的连接图

11.6.2 实验讲解

在该工程中,用户需要创建 5 个文件,分别为 usart.h、usart.c、i2c_ee.h、i2c_ee.c 以及 main.c,并且在文件 stm32f4xx_it.c 中添加中断服务例程。其中 USART 通信直接可以用实验 10 的代码,此处不再赘述。

1. i2c_ee.h

```
1  #define I2C_Speed                    400000
2
3  #define EE_Device_Addr               0X0A
4  #define EE_Blk0_ADDRESS 0xA0         //定义 EEPROM 地址
5  #define EE_I2C                       I2C1
6  #define EE_I2C_CLK                   RCC_APB1Periph_I2C1
7  #define EE_I2C_CLK_INIT              RCC_APB1PeriphClockCmd
8
9  #define EE_I2C_SCL_PIN               GPIO_Pin_6
10 #define EE_I2C_SCL_GPIO_PORT         GPIOB
11 #define EE_I2C_SCL_GPIO_CLK          RCC_AHB1Periph_GPIOB
12 #define EE_I2C_SCL_SOURCE            GPIO_PinSource6
13 #define EE_I2C_SCL_AF                GPIO_AF_I2C1
14
15 #define EE_I2C_SDA_PIN               GPIO_Pin_7
16 #define EE_I2C_SDA_GPIO_PORT         GPIOB
17 #define EE_I2C_SDA_GPIO_CLK          RCC_AHB1Periph_GPIOB
18 #define EE_I2C_SDA_SOURCE            GPIO_PinSource7
19 #define EE_I2C_SDA_AF                GPIO_AF_I2C1
20
21 void I2C_Config(void);
```

```
22 uint32_t I2C_EE_Read(uint8_t  ReadAddr,uint8_t  * pBuffer,uint8_t  size);
23 //读 EEPROM 中的数据
24 uint32_t I2C_EE_ByteWrite(uint8_t  WriteAddr,uint8_t  * pBuffer);
25 //写一个字节到 EEPROM
26 uint32_t I2C_EE_BytesWrite(uint8_t  WriteAddr,uint8_t  * pBuffer,uint16_t  size);
27 //写字符串到 EEPROM
28 uint32_t I2C_TIMEOUT_ERROR(uint8_t errorCode);         //超时操作
29 void I2C_EE_WaitEepromStandbyState(void);              //等待稳定
30
31 #define I2C_TIMEOUT           ((uint32_t)0x1000)
32 #define I2C_WriteDelay        ((uint32_t) 1000000)
```

第 1 行给出了 I^2C 的通信速率,在 STM32 中,I^2C 通信只有标准/快速模式,对应的通信速率分别为 100kbps/400kbps,这里设置的是 400kbps,采用的是快速模式。第 3 行给出的定义 AT24C02 的器件地址。第 4 行定义 AT24C02 存储的地址。第 5~7 行给出了 I^2C1 的编号、时钟和时钟初始化的宏定义,这是移植性考虑,第 21~29 行给出了函数的说明,分别完成对 I^2C 的初始化、通过 I^2C 总线完成从 AT24C02 中读和写数据的操作。第 31 行定义了一个超时标志,第 32 行定义了一个延时变量,因为查看 AT24C02 的数据手册后可以知道一轮写操作完成后,需要等待 5ms 让 AT24C02 将接收到的数据写入。

2. i2c_ee.c

在这个文件中,就是完成对 i2c_ee.h 中说明的那 6 个函数的定义(在 i2c_ee.h 的第 21~29 行)。

1) $I^2C\_EE\_Config()$

完成对 I^2C 的配置,主要包括对引脚复用功能的配置,方法与实验 9 是一样的,只是这里的复用功能是 I^2C,不是定时器;以及 I^2C 的初始化。

对于 GPIO 复用的初始化,前面已有介绍,此处不再赘述。其代码为

```
static void I2C_GPIO_Config(void)
{
  GPIO_InitTypeDef GPIO_InitStructure;
//开启时钟
  RCC_AHB1PeriphClockCmd(EE_I2C_SCL_GPIO_CLK | EE_I2C_SDA_GPIO_CLK,,ENABLE);
  EE_I2C_CLK_INIT (EE_I2C_CLK,ENABLE);
//端口复用
  GPIO_PinAFConfig(EE_I2C_SCL_GPIO_PORT, EE_I2C_SCL_PIN, EE_I2C_SCL_AF);
  GPIO_PinAFConfig(EE_I2C_SDA_GPIO_PORT, EE_I2C_SDA_PIN, EE_I2C_SDA_AF);
//GPIO 初始化参数设置
  GPIO_InitStructure.GPIO_Pin = EE_I2C_SCL_PIN | EE_I2C_SDA_PIN;
  GPIO_InitStructure.GPIO_Mode = GPIO_Mode_AF;          //复用模式
  GPIO_InitStructure.GPIO_Speed = GPIO_High_Speed;
  GPIO_InitStructure.GPIO_OType = GPIO_OType_OD;        //开漏输出
  GPIO_InitStructure.GPIO_PuPd = GPIO_PuPd_UP;          //上拉模式
  GPIO_Init(GPIOB,&GPIO_InitStructure);
}
```

下面是对 I^2C 初始化,在 stm32f4xx_i2c.h 中定义了其初始化结构体 I2C_InitTypeDef,其

定义如下：

```
1  typedef struct
2  {
3      uint32_t I2C_ClockSpeed;
4      uint16_t I2C_Mode;
5      uint16_t I2C_DutyCycle;
6      uint16_t I2C_OwnAddress1;
7      uint16_t I2C_Ack;
8      uint16_t I2C_AcknowledgedAddress;
9  }I2C_InitTypeDef;
```

第 3 行定义了通信的速率，前面也提到了，在 STM32 的 I^2C 中，目前支持两种通信方式：标准/快速模式，对应的通信速率分别为 100kbps/400kbps，因此这里设置的值必须低于 400kbps；第 4 行定义了 I^2C 的使用方式，这里就选择 I^2C 方式（I2C_Mode_I2C）；第 5 行是 SCL 线时钟的占空比，这里有两种模式，其差别并不是很大，因此任意一种都可以；第 6 行是指连接到 I^2C 总线上自己的地址；第 7 行是使能或禁止应答；第 8 行是指 7 位还是 10 位地址。在本工程中，对于 I^2C 初始化的设置为

```
static void I2C_EE_Config(void)
{
I2C_InitTypeDef I2C_InitStructure;

I2C_InitStructure.I2C_ClockSpeed = I2C_Speed;
//设置 I2C 通信的时钟频率 100kHz,此为 I2C 通信标准模式下的速度
I2C_InitStructure.I2C_Mode = I2C_Mode_I2C;          //I2C 模式
I2C_InitStructure.I2C_DutyCycle = I2C_DutyCycle_2;  //设置 SCL 输出占空比
I2C_InitStructure.I2C_OwnAddress1 = EE_Device_Addr;//器件地址
I2C_InitStructure.I2C_Ack = I2C_Ack_Enable;
//允许应答,即在读取 I2C 接收寄存器后自动发送应答信号
I2C_InitStructure.I2C_AcknowledgedAddress = I2C_AcknowledgedAddress_7bit;
//AT24C02 的器件地址只有 7 位,即(1010000)B

I2C_Init(EE_I2C, &I2C_InitStructure);              //用库函数根据以上参数配置 I2C1
//使能 I2C1
    I2C_Cmd(EE_I2C, ENABLE);
    I2C_AcknowledgeConfig(EE_I2C, ENABLE);
}
```

最后在函数 I2C_EE_Config() 中完成初始化，其代码为

```
void I2C_Config (void)
{
I2C_GPIO_Config();
I2C_EE_Config();
}
```

2) I2C_EE_ ByteWrite()

通过调用库函数写数据到 EEPROM 中的函数,这里有两个参数：WriteAddr 为需要写入 EEPROM 中的片内地址,比如从 0 位开始写；pBuffer 为需要写入一个字节数据的所在位置。该函数完成对一个字节的数据的写入,其代码为

```c
//入口参数 WriteAddr:需要写入 AT24C02 中的片内地址(0-255)
//pBuffer:需要写入一个字节在内存中的地址
uint32_t I2C_EE_ByteWrite(uint8_t  WriteAddr,uint8_t  * pBuffer)
{
//设置超时时间
uint32_t Timeout = I2C_TIMEOUT;

    while(I2C_GetFlagStatus(EE_I2C, I2C_FLAG_BUSY))
      {
      if((Timeout -- ) == 0) return I2C_TIMEOUT_ERROR(104);
      }

//通知 I2C 内置外设发送起始信号并等待其将起始信号发送完毕
I2C_GenerateSTART(EE_I2C,ENABLE);
Timeout = I2C_TIMEOUT;
while(!I2C_CheckEvent(EE_I2C, I2C_EVENT_MASTER_MODE_SELECT))
{
     if((Timeout -- ) == 0) return I2C_TIMEOUT_ERROR(1);
   }

//发送组合字节,高 7 位是器件地址,最低位是读写操作位
//I2C_Direction_Transmitter:写操作,最低位为 0,因此地址为 0xA0
//while 用来等待发送组合字节后器件的应答
I2C_Send7bitAddress(EE_I2C, EE_Blk0_ADDRESS,I2C_Direction_Transmitter);
//设置超时时间
Timeout = I2C_TIMEOUT;
while(!I2C_CheckEvent(EE_I2C, I2C_EVENT_MASTER_TRANSMITTER_MODE_SELECTED))
{
     if((Timeout -- ) == 0) return I2C_TIMEOUT_ERROR(2);
   }

//发送需要写入的 AT24C02 片内地址并在 while 中等待 AT24C02 应答
I2C_SendData(EE_I2C, WriteAddr);
//设置超时时间
Timeout = I2C_TIMEOUT;
while(!I2C_CheckEvent(EE_I2C, I2C_EVENT_MASTER_BYTE_TRANSMITTED))
{
     if((Timeout -- ) == 0) return I2C_TIMEOUT_ERROR(3);
   }

//发送一个字节的数据并在 while 中等待器件应答
I2C_SendData(EE_I2C, * pBuffer);
//设置超时时间
Timeout = I2C_TIMEOUT;
```

```
while(!I2C_CheckEvent(EE_I2C, I2C_EVENT_MASTER_BYTE_TRANSMITTED))
{
    if((Timeout -- ) == 0) return I2C_TIMEOUT_ERROR(4);
}
I2C_GenerateSTOP(EE_I2C, ENABLE); //发送停止信号
return 0;
}
```

3) I2C_EE_BytesWrite()

写入字符串的操作,通过调用 I2C_EE_ByteWrite()函数,完成对字符串一个个字符地写入,其代码为

```
//入口参数 WriteAddr:需要写入 AT24C02 中的片内地址(0 - 255)
//        pBuffer:需要写入数据块在内存中的首地址
//        size:需要写入数据块的字节个数
uint32_t I2C_EE_BytesWrite(uint8_t  WriteAddr,uint8_t  * pBuffer,uint16_t  size)
{
 uint16_t i;
 uint8_t res;

 for (i = 0; i< size ; i++)
 {
    res = I2C_EE_ByteWrite(WriteAddr++,pBuffer++);
    I2C_EE_WaitEepromStandbyState(); //等待总线到达稳态
 }
 return res ;
}
```

4) I2C_EE_ Read()

通过调用库函数从 EEPROM 中读数据的函数,这里有 3 个参数:ReadAddr 为需要读取 EEPROM 中的片内地址;pBuffer 为需要读出数据后在内存中存放的地址;而 size 为需要读出数据块的字节个数。其代码为

```
//函数 AT24C02Read 从 AT24C02 中读取数据
//入口参数 ReadAddr:开始读取的片内地址
//        pBuffer:读出后在内存中存放的地址
//        size:需要读出的个数
uint32_t I2C_EE_Read(uint8_t  ReadAddr,uint8_t  * pBuffer,uint8_t  size)
{
uint32_t Timeout = I2C_TIMEOUT/10;

 while(I2C_GetFlagStatus(EE_I2C, I2C_FLAG_BUSY))
   {
    if((Timeout -- ) == 0) return I2C_TIMEOUT_ERROR(104);
 }

//通知 I2C 内置外设发送起始信号并等待其将起始信号发送完毕
I2C_GenerateSTART(EE_I2C,ENABLE);
```

```c
//设置超时时间
Timeout = I2C_TIMEOUT;
while(!I2C_CheckEvent(EE_I2C, I2C_EVENT_MASTER_MODE_SELECT))
{
    if((Timeout--) == 0) return I2C_TIMEOUT_ERROR(101);
}

//发送器件地址和写操作,这里是读过程中的伪写(dummy write)过程
I2C_Send7bitAddress(EE_I2C, EE_Blk0_ADDRESS,I2C_Direction_Transmitter);
//设置超时时间
Timeout = I2C_TIMEOUT;
//等待器件应答
while(!I2C_CheckEvent(EE_I2C, I2C_EVENT_MASTER_TRANSMITTER_MODE_SELECTED))
{
    if((Timeout--) == 0) return I2C_TIMEOUT_ERROR(102);
}

//发送开始读出的地址并等待器件应答
I2C_SendData(EE_I2C, ReadAddr);
//设置超时时间
Timeout = I2C_TIMEOUT;
while(!I2C_CheckEvent(EE_I2C, I2C_EVENT_MASTER_BYTE_TRANSMITTED))
{
    if((Timeout--) == 0) return I2C_TIMEOUT_ERROR(103);
}

//通知I2C内置外设发送起始信号并等待其将起始信号发送完毕
    I2C_GenerateSTART(EE_I2C,ENABLE);
//设置超时时间
Timeout = I2C_TIMEOUT;
while(!I2C_CheckEvent(EE_I2C, I2C_EVENT_MASTER_MODE_SELECT))
{
    if((Timeout--) == 0) return I2C_TIMEOUT_ERROR(104);
}

//发送器件地址和读操作
I2C_Send7bitAddress(EE_I2C, EE_Blk0_ADDRESS,I2C_Direction_Receiver);
//设置超时时间
Timeout = I2C_TIMEOUT;
while(!I2C_CheckEvent(EE_I2C, I2C_EVENT_MASTER_RECEIVER_MODE_SELECTED))
{
    if((Timeout--) == 0) return I2C_TIMEOUT_ERROR(105);
}
//等待器件应答

/*读前size-1个数据后单片机需要给AT24C02应答,在读最后第size个数据时不需要给应答。
调用库函数I2C_ReceiveData读取接收寄存器的值后,如果后开启了应答,那就会自动发送一个应
答信号。在读前size-1个数据时需要开启应答,然后读最后第size个数据前需要先关闭应答*/
//I2C_AcknowledgeConfig(EE_I2C, ENABLE);              //开启应答
```

```
while(size-->1)                              //读前 size-1 字节
{
//等待接收缓冲区非空,也即接收到了一个完整字节
Timeout = I2C_TIMEOUT;
while(I2C_CheckEvent(EE_I2C, I2C_EVENT_MASTER_BYTE_RECEIVED) == 0)
{
    if((Timeout--) == 0) return I2C_TIMEOUT_ERROR(106);
}

/* 将数据从 EE_I2C 接收寄存器移到指针 pBuffer 所指的内存地址中,读取之
后会自动清空接收缓冲区非空标志,并会发送一个应答信号给 AT24C02 */
*pBuffer = I2C_ReceiveData(EE_I2C);
    pBuffer++;                                //将指针指向内存中下一个地址
}
I2C_AcknowledgeConfig(EE_I2C, DISABLE);      //关闭应答,准备接收最后一个字节
*pBuffer = I2C_ReceiveData(EE_I2C);          //将最后的字节移入内存,并不发送应答
I2C_GenerateSTOP(EE_I2C, ENABLE);            //发送结束信号

I2C_AcknowledgeConfig(EE_I2C, ENABLE);
return 0;
}
```

5) I2C_TIMEOUT_ERROE()

I2C_TIMEOUT_ERROE()是在发送过程中,一旦超时就将退出,并通过 USART 发送一个信息到串口调试助手上显示,其代码为

```
uint32_t I2C_TIMEOUT_ERROR(uint8_t errorCode)
{
/* I2C 读取失败 */
printf("IIC Timeout: %d\n", errorCode);
return 1;
}
```

3. 在 stm32f4xx_it.c 文件中添加中断服务例程

该中断服务例程是关于 USART 接收的例程,就直接用实验 10 中的关于 USART 的中断服务例程就可以了,这里不需要设置。

4. main.c 文件

在该工程中,先从串口调试助手中读取数据,然后通过 I²C 通信总线将之存到 EEPROM,然后再从 EEPROM 中读取数据,并将该数据显示到串口调试助手的输出窗口上。在 main()函数中完成该功能,其代码如下:

```
int main(void)
{
u8 AT24C02_Read_Buffer[50]; //定义从 AT24C02 接收的缓冲大小
usartx_Config();
I2C_Config();
send_string(USARTx,"I2C test\r\n");
```

```c
    while(1)
    {
        if(count)
        {
                send_bit_constant(USARTx,(char *)buffer,count);  //将从串口接收到的数据直接发
                                                                  //回 PC
                //printf("writing : %s,count = %d\n",buffer,count);
                I2C_EE_BytesWrite(0, buffer, count);             //写串口接收到的数据到 EEPROM
                I2C_EE_Read(0, AT24C02_Read_Buffer, count);      //将写入的数据读出

                send_bit_constant(USARTx,(char *)AT24C02_Read_Buffer,count);
                                                                  //将读出的数据发送 PC 进行比较
                send_string(USARTx,"\nOK\r\n");
                count = 0;                                        //清空 buffer,以便下一次再次
                                                                  //接收存储发回

                break;
        }
    }
}
```

11.6.3 串口调试助手

在本实验中,为了调试 I^2C 通信,也用到了串口的调试助手软件,这里是通过使用 USB 完成串口通信的。在通信中,一端 USB 连接到 PC,另一端 USB 连接到开发板上。在 PC 上运用串口调试助手软件,可以向开发板发送字符,通过 I^2C 存入 EEPROM,然后再从 EEPROM 中读取数据,通过 USART 串口发送字符给 PC,这样在串口调试助手上就可以看到发送的字符。

11.6.4 创建工程

1. 创建新工程

将工程模板 template 复制一份到工程目录下,并修改该文件夹的名字,这里改为 ex11_IIC。启动 Keil μVision5,选择 Project→New μVision Project,会弹出一个文件选项,将新建的工程文件保存在\Project 文件夹下,并命名为 i2c,单击"保存"按钮。

2. 创建文件

1) usart.c 和 usart.h 文件

直接将实验 10 中 USR 文件夹下的 usart 文件夹复制到该工程的 USR 文件夹中,这样,usart.c 和 usart.h 文件就在本实验中生成。

2) i2c_ee.c 和 i2c_ee.h 文件

在 USR 文件夹下创建一个文件夹 i2c_ee,并在此文件夹下创建文件 i2c_ee.c 和 i2c_ee.h。

3) 修改 main.c 文件

在 USR 文件夹中有 main.c 文件,但要修改其代码,实现从串口接收数据,存储到

EEPROM,读出数据,从串口发回等一系列操作。

4) stm32f4xx_it.c

直接将实验 10 中的该文件复制到 USR 文件夹中即可。

3. 添加文件到工程

添加的方法与添加的文件除了组 USR 以外,其余的不变,此处不再赘述。

单击 USR 组,单击 Add Files 添加文件,添加文件夹 USR 中的两个.c 文件,以及 USR\usart 和 USR\i2c_ee 中的.c 文件。

4. 配置参数

配置参数的方法,与实验 4 完全一样,大家可以参照实验 4 进行配置,注意包含路径需要根据本实验进行设置。

5. 运行

打开 SSCOM 串口调试助手。按下开发板上的复位按钮,程序进入 main 函数之后,首先定义 AT24C02 接收缓存。接着就是通过调用相关驱动函数对串口 2 和 I^2C1 进行初始化。再向计算机发送字符串以及换行字符(见图 11.10)后进入 while 中不停地判断串口是否接收到了数据。当串口接收到了数据后,由于全局变量 count 被赋予串口 1 接收的字节数,串口 1 接收中断返回主函数后再判断就进入到条件语句 if 部分。随后先发回从串口 1 接收到的数据,以便于与后续从 AT24C02 读取到的数据作对比,观察通过写入和读取之后是否与原值相同。然后调用 AT24C02 的 Write 函数将串口 1 发来的数据写入 AT24C02。接着调用 AT24C02 的 Read 函数读取刚刚写入 AT24C02 中的数据,并将读到的值发回计算机进行对比。最后就是发送 OK 和换行字符串提示这一轮操作做完了。例如,PC 从单片机串口 2 发送 "hello,world!",得到的结果如图 11.11 所示。根据两次发送的结果对比,可以看到 I^2C 通信成功,读取操作和存入操作成功进行,而且读取得到的与所存入的是一样的。

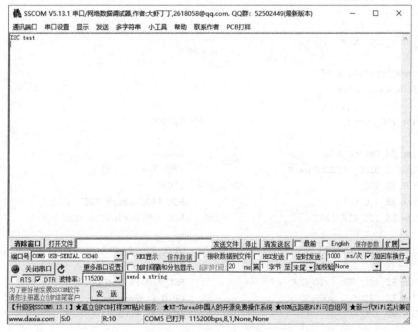

图 11.10 初始化完成后发送给 PC 的信息

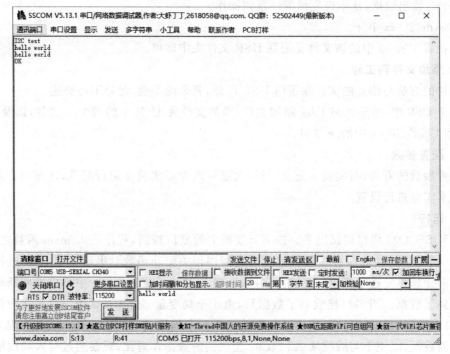

图 11.11　发送后原数据与读出数据对比

11.7　实验参考程序

1. i2c_ee.h

```
#ifndef __I2C_EE_H
#define __I2C_EE_H

#include "stm32f4xx.h"
#include <stdio.h>

#define I2C_Speed                       400000

#define EE_Device_Addr                  0X0A
#define EE_Blk0_ADDRESS 0xA0            //定义 EEPROM 地址
#define EE_I2C                          I2C1
#define EE_I2C_CLK                      RCC_APB1Periph_I2C1
#define EE_I2C_CLK_INIT                 RCC_APB1PeriphClockCmd

#define EE_I2C_SCL_PIN                  GPIO_Pin_6
#define EE_I2C_SCL_GPIO_PORT            GPIOB
#define EE_I2C_SCL_GPIO_CLK             RCC_AHB1Periph_GPIOB
#define EE_I2C_SCL_SOURCE               GPIO_PinSource6
#define EE_I2C_SCL_AF                   GPIO_AF_I2C1
```

```
#define EE_I2C_SDA_PIN                          GPIO_Pin_7
#define EE_I2C_SDA_GPIO_PORT                    GPIOB
#define EE_I2C_SDA_GPIO_CLK                     RCC_AHB1Periph_GPIOB
#define EE_I2C_SDA_SOURCE                       GPIO_PinSource7
#define EE_I2C_SDA_AF                           GPIO_AF_I2C1

void I2C_Config(void);
uint32_t I2C_EE_Read(uint8_t ReadAddr,uint8_t  * pBuffer,uint8_t  size);
//读 EEPROM 中的数据
uint32_t I2C_EE_ByteWrite(uint8_t  WriteAddr,uint8_t  * pBuffer);
//写一字节数据到 EEPROM
uint32_t I2C_EE_BytesWrite(uint8_t  WriteAddr,uint8_t  * pBuffer,uint16_t  size);
//写字符串到 EEPROM
uint32_t I2C_TIMEOUT_ERROR(uint8_t errorCode);        //超时操作
void I2C_EE_WaitEepromStandbyState(void);             //等待稳定

#define I2C_TIMEOUT        ((uint32_t)0x1000)
#define I2C_WriteDelay     ((uint32_t) 1000000)
#endif
```

2. i2c_ee.c

```
#include "./i2c_ee/i2c_ee.h"

static void I2C_GPIO_Config(void)
{
    GPIO_InitTypeDef GPIO_InitStructure;
    //开启时钟
    RCC_AHB1PeriphClockCmd(EE_I2C_SCL_GPIO_CLK,ENABLE);
    EE_I2C_CLK_INIT(EE_I2C_CLK,ENABLE);
    //端口复用
    GPIO_PinAFConfig(EE_I2C_SCL_GPIO_PORT, EE_I2C_SCL_SOURCE, EE_I2C_SCL_AF);
    GPIO_PinAFConfig(EE_I2C_SDA_GPIO_PORT, EE_I2C_SDA_SOURCE, EE_I2C_SDA_AF);
    //GPIO 初始化参数设置
    GPIO_InitStructure.GPIO_Pin = EE_I2C_SCL_PIN | EE_I2C_SDA_PIN;
    GPIO_InitStructure.GPIO_Mode = GPIO_Mode_AF;          //复用模式
    GPIO_InitStructure.GPIO_Speed = GPIO_Speed_100MHz;
    GPIO_InitStructure.GPIO_OType = GPIO_OType_OD;        //开漏输出
    GPIO_InitStructure.GPIO_PuPd = GPIO_PuPd_UP;          //上拉模式
    GPIO_Init(GPIOB,&GPIO_InitStructure);

}

static void I2C_EE_Config(void)
{
I2C_InitTypeDef I2C_InitStructure;

I2C_InitStructure.I2C_ClockSpeed =  I2C_Speed;
//设置 I2C 通信的时钟频率100kHz,此为 I2C 通信标准模式下的速度
```

```c
I2C_InitStructure.I2C_Mode = I2C_Mode_I2C;              //I2C 模式
I2C_InitStructure.I2C_DutyCycle = I2C_DutyCycle_2;      //设置 SCL 输出占空比
I2C_InitStructure.I2C_OwnAddress1 = EE_Device_Addr;     //器件地址
I2C_InitStructure.I2C_Ack = I2C_Ack_Enable;
//允许应答,即在读取 I2C 接收寄存器后自动发送应答信号
I2C_InitStructure.I2C_AcknowledgedAddress = I2C_AcknowledgedAddress_7bit;
//AT24C02 的器件地址只有 7 位,即(1010000)B

I2C_Init(EE_I2C, &I2C_InitStructure);                   //用库函数根据以上参数配置 I2C1
//使能 I2C1
I2C_Cmd(EE_I2C, ENABLE);
I2C_AcknowledgeConfig(EE_I2C, ENABLE);
}

void I2C_Config (void)
{
I2C_GPIO_Config();
I2C_EE_Config();
}

//入口参数     WriteAddr:需要写入 AT24C02 中的片内地址(0~255)
//             pBuffer:需要写入一个字节在内存中的地址
uint32_t I2C_EE_ByteWrite(uint8_t  WriteAddr,uint8_t   * pBuffer)
{

//设置超时时间
uint32_t Timeout = I2C_TIMEOUT;
while(I2C_GetFlagStatus(EE_I2C, I2C_FLAG_BUSY))
{
    if((Timeout -- ) == 0) return I2C_TIMEOUT_ERROR(104);
}

//通知 I2C 内置外设发送起始信号并等待其将起始信号发送完毕
I2C_GenerateSTART(EE_I2C,ENABLE);
Timeout = I2C_TIMEOUT;
while(!I2C_CheckEvent(EE_I2C, I2C_EVENT_MASTER_MODE_SELECT))
{
    if((Timeout -- ) == 0) return I2C_TIMEOUT_ERROR(1);
}

//发送组合字节,高 7 位是器件地址,最低位是读写操作位
//I2C_Direction_Transmitter:写操作,最低位为 0,因此地址为 0xA0
//while 用来等待发送组合字节后器件的应答
I2C_Send7bitAddress(EE_I2C, EE_Blk0_ADDRESS,I2C_Direction_Transmitter);
//设置超时时间
Timeout = I2C_TIMEOUT;
while(!I2C_CheckEvent(EE_I2C, I2C_EVENT_MASTER_TRANSMITTER_MODE_SELECTED))
{
    if((Timeout -- ) == 0) return I2C_TIMEOUT_ERROR(2);
}
```

```c
//发送需要写入的 AT24C02 片内地址并在 while 中等待 AT24C02 应答
I2C_SendData(EE_I2C, WriteAddr);
//设置超时时间
Timeout = I2C_TIMEOUT;
while(!I2C_CheckEvent(EE_I2C, I2C_EVENT_MASTER_BYTE_TRANSMITTED))
{
    if((Timeout -- ) == 0) return I2C_TIMEOUT_ERROR(3);
}

//发送一个字节的数据并在 while 中等待器件应答
I2C_SendData(EE_I2C, *pBuffer);
//设置超时时间
Timeout = I2C_TIMEOUT;
while(!I2C_CheckEvent(EE_I2C, I2C_EVENT_MASTER_BYTE_TRANSMITTED))
{
    if((Timeout -- ) == 0) return I2C_TIMEOUT_ERROR(4);
}
I2C_GenerateSTOP(EE_I2C, ENABLE);          //发送停止信号
return 0;
}
//入口参数    WriteAddr:需要写入 AT24C02 中的片内地址(0～255)
//            pBuffer:需要写入数据块在内存中的首地址
//            size:需要写入数据块的字节个数
uint32_t I2C_EE_BytesWrite(uint8_t  WriteAddr,uint8_t  * pBuffer, uint16_t  size)
{
  uint16_t i;
  uint8_t res;

  for (i = 0; i < size ; i++)
  {
    res = I2C_EE_ByteWrite(WriteAddr++,pBuffer++);

    I2C_EE_WaitEepromStandbyState();        //等待总线到达稳态
  }
  return res ;
}
//函数 AT24C02Read 从 AT24C02 中读取数据
//入口参数    ReadAddr:开始读取的片内地址
//            pBuffer:读出后在内存中存放的地址
//            size:需要读出的个数
uint32_t I2C_EE_Read(uint8_t  ReadAddr,uint8_t  * pBuffer,uint8_t  size)
{
uint32_t Timeout = I2C_TIMEOUT/10;

while(I2C_GetFlagStatus(EE_I2C, I2C_FLAG_BUSY))
{
    if((Timeout -- ) == 0) return I2C_TIMEOUT_ERROR(104);
}

//通知 I2C 内置外设发送起始信号并等待其将起始信号发送完毕
```

```
I2C_GenerateSTART(EE_I2C,ENABLE);
//设置超时时间
Timeout = I2C_TIMEOUT;
while(!I2C_CheckEvent(EE_I2C, I2C_EVENT_MASTER_MODE_SELECT))
{
    if((Timeout -- ) == 0) return I2C_TIMEOUT_ERROR(101);
}

//发送器件地址和写操作,这里是读过程中的伪写(dummy write)过程
I2C_Send7bitAddress(EE_I2C, EE_Blk0_ADDRESS,I2C_Direction_Transmitter);
//设置超时时间
Timeout = I2C_TIMEOUT;
//等待器件应答
while(!I2C_CheckEvent(EE_I2C, I2C_EVENT_MASTER_TRANSMITTER_MODE_SELECTED))
{
        if((Timeout -- ) == 0) return I2C_TIMEOUT_ERROR(102);
}

//发送开始读出的地址并等待器件应答
I2C_SendData(EE_I2C, ReadAddr);
//设置超时时间
Timeout = I2C_TIMEOUT;
while(!I2C_CheckEvent(EE_I2C, I2C_EVENT_MASTER_BYTE_TRANSMITTED))
{
        if((Timeout -- ) == 0) return I2C_TIMEOUT_ERROR(103);
}

//通知 I2C 内置外设发送起始信号并等待其将起始信号发送完毕
        I2C_GenerateSTART(EE_I2C,ENABLE);
//设置超时时间
Timeout = I2C_TIMEOUT;
while(!I2C_CheckEvent(EE_I2C, I2C_EVENT_MASTER_MODE_SELECT))
{
        if((Timeout -- ) == 0) return I2C_TIMEOUT_ERROR(104);
}

//发送器件地址和读操作
I2C_Send7bitAddress(EE_I2C, EE_Blk0_ADDRESS,I2C_Direction_Receiver);
//设置超时时间
Timeout = I2C_TIMEOUT;
while(!I2C_CheckEvent(EE_I2C, I2C_EVENT_MASTER_RECEIVER_MODE_SELECTED))
{
        if((Timeout -- ) == 0) return I2C_TIMEOUT_ERROR(105);
}
//等待器件应答

/* 读前 size-1 个数据后单片机需要给 AT24C02 应答,在读最后第 size 个数据时不需要给应答。
调用库函数 I2C_ReceiveData 读取接收寄存器的值后,如果后开启了应答,那就会自动发送一个应
答信号。在读前 size-1 个数据时需要开启应答,然后读最后第 size 个数据前需要先关闭应答 */
```

```c
    //I2C_AcknowledgeConfig(EE_I2C, ENABLE);           //开启应答
    while(size-->1)//读前 size-1 个字节
    {
    //等待接收缓冲区非空,也即接收到了一个完整字节
        Timeout = I2C_TIMEOUT;
        while(I2C_CheckEvent(EE_I2C, I2C_EVENT_MASTER_BYTE_RECEIVED) == 0)
        {
            if((Timeout -- ) == 0) return I2C_TIMEOUT_ERROR(106);
        }

        /*将数据从 EE_I2C 接收寄存器移到指针 pBuffer 所指的内存地址中,读取之
        后会自动清空接收缓冲区非空标志,并会发送一个应答信号给 AT24C02 */
        * pBuffer = I2C_ReceiveData(EE_I2C);
        pBuffer++;                                      //将指针指向内存中下一个地址
    }
    I2C_AcknowledgeConfig(EE_I2C, DISABLE);             //关闭应答,准备接收最后一个字节
    * pBuffer = I2C_ReceiveData(EE_I2C);                //将最后的字节移入内存,并不发送应答
    I2C_GenerateSTOP(EE_I2C, ENABLE);                   //发送结束信号
    I2C_AcknowledgeConfig(EE_I2C, ENABLE);
    //EE_I2C->CR1 |= I2C_CR1_ACK;
    //I2C_GenerateSTOP(EE_I2C, ENABLE);                 //取消结束信号

    return 0;
}
uint32_t I2C_TIMEOUT_ERROR(uint8_t errorCode)
{
/* I2C 读取失败 */
printf("IIC Timeout: % d\n", errorCode);
return 1;
}
void I2C_EE_WaitEepromStandbyState(void)                //等待 AT24C02 写入完成
{
    u32 delay = I2C_WriteDelay;
    while(delay -- );                                   //根据 AT24C02 datasheet 知道写操作完成后要等待至少 5ms
}
```

3. usart.c 和 usart.h 文件

直接复制串口通信实验的文件。

4. stm32f4xx_it.c 的中断服务例程

直接复制串口通信实验的文件。

5. main.c 文件

```c
# include "./i2c_ee/i2c_ee.h"
# include "./usart/usart.h"
int main(void)
{
u8 AT24C02_Read_Buffer[50];                             //定义从 AT24C02 接收的缓冲大小
usartx_Config();
```

```
I2C_Config();
send_string(USARTx,"I2C test\r\n");
while(1)
    {
        if(count)
        {
            send_bit_constant(USARTx,(char * )buffer,count);      //将从串口接收到的数据
                                                                  //直接发回 PC
//printf("writing : %s,count = %d\n",buffer,count);
            I2C_EE_BytesWrite(0, buffer, count);                  //写串口接收到的数据
                                                                  //到 EEPROM
            I2C_EE_Read(0, AT24C02_Read_Buffer, count);           //将写入的数据读出

            send_bit_constant(USARTx,(char * )AT24C02_Read_Buffer,count); //将读出的数据
                                                                          //发送 PC 进行比较
            send_string(USARTx,"\nOK\r\n");
            count = 0;                                            //清空 buffer,以便下一次再次接收存储发回
            break;
        }
    }
}
```

11.8 实验总结

本实验运用 I^2C 总线完成了数据的传输,为了能够看到效果,这里通过串口通信 USART,并运用串口调试助手软件,观察通过 I^2C 传输到 EEPROM 中的数据。

11.9 思考题

(1) 试完成一页(8B)的写入 EEPROM 的操作。
(2) 通过调用页写入操作完成字符串的写入。

实验 12　实时时钟 RTC 部件

EXPERIMENT 12

12.1　实验目的

- 熟悉 RTC 的基本概念；
- 熟悉 STM32F4 开发板 RTC 外设的使用方法；
- 开发电子日历系统。

12.2　实验设备

1. 硬件

（1）PC 一台；
（2）STM32F429IGT6 核心板一块；
（3）DAP 仿真器一个。

2. 软件

（1）Keil μVision5 集成开发环境；
（2）Windows7/8/10 系统。

12.3　实验内容

本实验将给出一个基于 STM32F4 芯片的嵌入式系统的整体设计示例，即数字电子钟的设计。该系统采用 STM32F4 内部 RTC(Real Time Clock) 部件计时，记录日期和时间，并通过串口将实时时间和日期发送到上位机(PC)上，在串口调试助手上显示，构成一个数字电子钟。

12.4　实验预习

- 了解无操作系统环境下嵌入式系统应用程序的架构；
- 了解主函数与中断任务函数之间的通信；

- 了解 STM32F4 系列 RTC、串口等 I/O 设备的综合使用。

12.5 实验原理

RTC 是一个独立的 BCD 定时器/计数器。RTC 提供一个日历时钟、两个可编程闹钟中断，以及一个具有中断功能的周期性可编程唤醒标志。RTC 还包含用于管理低功耗模式的自动唤醒单元。

两个 32 位寄存器包含二进制码和十进制数格式（BCD）的秒、分钟、小时（12 或 24 小时制）、星期几、日期、月份和年份。此外，还可提供二进制格式的亚秒值。

RTC 包括两个具有中断功能的可编程闹钟，可通过任意日历字段的组合驱动闹钟。还有自动唤醒单元，可周期性地生成标志以触发自动唤醒中断。

12.5.1 时钟

RTC 时钟源（RTCCLK）通过时钟控制器从 LSE 时钟、LSI 振荡器时钟以及 HSE 时钟三者中选择。

可编程的预分频器阶段可生成 1Hz 的时钟，用于更新日历。为最大限度地降低功耗，预分频器分为两个可编程的预分频器：

- 一个通过 RTC_PRER 寄存器的 PREDIV_A 位配置的 7 位异步预分频器。
- 一个通过 RTC_PRER 寄存器的 PREDIV_S 位配置的 15 位同步预分频器。

例如，要使用频率为 32.768kHz 的 LSE 获得频率为 1Hz 的内部时钟（CK_SPRE），需要将异步预分频系数设置为 127，并将同步预分频系数设置为 255。

f_{CK_SPRE} 可根据以下公式得出：

$$f_{CK\_SPRE} = \frac{f_{RTCCLK}}{(PREDIV\_S + 1) \times (PREDIV\_A + 1)}$$

CK_SPRE 时钟既可以用于更新日历，也可以用作 16 位唤醒自动重载定时器的时基。

对于使用频率为 32kHz 的 LSI，为了获得 1Hz 的内部时钟，也需要将异步预分频系数设置为 127，并将同步预分频系数设置为 255。可以看到，使用 LSI 是有一定的误差的。

RTC 日历时间和日期寄存器可通过与 PCLK1（APB1 时钟）同步的影子寄存器来访问。这些时间和日期寄存器也可以直接访问，这样可避免等待同步的持续时间。

- RTC_SSR 寄存器对应于亚秒。
- RTC_TR 寄存器对应于时间。
- RTC_DR 寄存器对应于日期。

每隔两个 RTCCLK 周期，便将当前日历值复制到影子寄存器。当应用读取日历寄存器时，它会访问影子寄存器的内容。也可以通过将 RTC_CR 寄存器的 BYPSHAD 控制位置 1 来直接访问日历寄存器。默认情况下，该位被清零，用户访问影子寄存器。

12.5.2 周期性自动唤醒

周期性唤醒标志由 16 位可编程自动重载递减计数器生成。唤醒定时器范围可扩展至 17 位。可通过 RTC_CR 寄存器中的 WUTE 位来使能此唤醒功能。

唤醒定时器的时钟输入可以是：

(1) 2 分频、4 分频、8 分频或 16 分频的 RTC 时钟（RTCCLK）。

当 RTCCLK 为 LSE(32.768kHz)时，可配置的唤醒中断周期为 $122\mu s \sim 32s$，且分辨率低至 $61\mu s$。

(2) CK_SPRE（通常为 1Hz 内部时钟）。

当 CK_SPRE 频率为 1Hz 时，可得到的唤醒时间为 $1s \sim 36h$，分辨率为 1s。这一较大的可编程时间范围分为两部分：

- WUCKSEL[2:1]=10 时为 $1s \sim 18h$。
- WUCKSEL[2:1]=11 时为 $18 \sim 36h$。

在后一种情况下，会将 216 添加到 16 位计数器当前值。完成初始化序列后，定时器开始递减计数。此外，当计数器计数到 0 时，RTC_ISR 寄存器的 WUTF 标志会置 1，并且唤醒寄存器会使用其重载值（RTC_WUTR 寄存器值）重载。之后必须用软件对 WUTF 标志清零。通过将 RTC_CR2 寄存器中的 WUTIE 位置 1 来使能周期性唤醒中断。

注意：在设置 CK_SPRE 为 1Hz 时，当计数器的值为零时，就是每秒一次中断。

12.5.3 RTC 中断

所有 RTC 中断均与 EXTI 控制器相连。这里着重介绍周期性唤醒中断。为了使能 RTC 周期性唤醒中断，需按照以下顺序操作：

(1) 将 EXTI 线 22 配置为中断模式并将其使能，然后选择上升沿有效。

(2) 配置 NVIC 中的 RTC_WKUP IRQ 通道并将其使能。

(3) 配置 RTC 以生成 RTC 唤醒定时器事件。

唤醒中断的事件标志 RTC 控制寄存器（RTC_CR）的 WUTF，使能控制位是 WUTIE。

12.5.4 RTC 日历时间和日期寄存器

1. RTC 时间寄存器（RTC_TR）

RTC_TR 是日历时间影子寄存器。只能在初始化模式下对该寄存器执行写操作，其各位的含义如图 12.1 所示。

31	30	29	28	27	26	25	24	23	22	21	20	19	18	17	16
				Reserved					PM	HT[1:0]		HU[3:0]			
									rw	rw	rw	rw	rw	rw	rw

15	14	13	12	11	10	9	8	7	6	5	4	3	2	1	0
Reserved	MNT[2:0]			MNU[3:0]				Reserved		ST[2:0]			SU[3:0]		
	rw	rw	rw	rw	rw	rw	rw		rw	rw	rw	rw	rw	rw	rw

图 12.1 RTC_TR 寄存器

其中，

- 位 31～24 保留。
- 位 23 保留，必须保持复位值。
- 位 22PM：AM/PM 符号。

  ① 0：AM 或 24 小时制。

  ② 1：PM。

- 位 21~20 HT[1:0]：小时的十位。
- 位 19~16 HU[3:0]：小时的个位。
- 位 15 保留，必须保持复位值。
- 位 14~12 MNT[2:0]：分钟的十位。
- 位 11~8 MNU[3:0]：分钟的个位。
- 位 7 保留，必须保持复位值。
- 位 6~4 ST[2:0]：秒的十位。
- 位 3~0 SU[3:0]：秒的个位。

2. RTC 日期寄存器（RTC_DR）

RTC_DR 是日历日期影子寄存器。只能在初始化模式下对该寄存器执行写操作，其各位的含义如图 12.2 所示。

31	30	29	28	27	26	25	24	23	22	21	20	19	18	17	16
			Reserved					YT[3:0]				YU[3:0]			
								rw	rw	rw	rw	rw	rw	rw	rw

15	14	13	12	11	10	9	8	7	6	5	4	3	2	1	0
WDU[2:0]			MT	MU[3:0]				Reserved		DT[1:0]		DU[3:0]			
rw	rw	rw	rw	rw	rw	rw	rw			rw	rw	rw	rw	rw	rw

图 12.2 RTC_DR 寄存器

其中，
- 位 31~24 保留。
- 位 23~20 YT[3:0]：年份的十位。
- 位 19~16 YU[3:0]：年份的个位。
- 位 15~13 WDU[2:0]：星期几的个位。

  000：禁止。
  001：星期一。
  …
  111：星期日。

- 位 12 MT：月份的十位。
- 位 11~8 MU[3:0]：月份的个位。
- 位 7~6 保留，必须保持复位值。
- 位 5~4 DT[1:0]：日期的十位。
- 位 3~0 DU[3:0]：日期的个位。

12.5.5 初始化

从前面的分析中可以看出，为了对 RTC 时钟初始化，需要完成以下 3 方面的工作：
- RTC_CLK 的分频初始化；
- 时间设置初始化，该初始化是针对 RTC 时间寄存器 RTC_TR；
- 日期设置初始化，该初始化是针对 RTC 日期寄存器 RTC_DR。

它们在固件库 stm32f4xx_rtc.c 和 stm32f4xx_rtc.h 中。

(1) RTC_CLK 的分频初始化,其结构体为

```
typedef struct
{
  uint32_t RTC_HourFormat;
  uint32_t RTC_AsynchPrediv;
  uint32_t RTC_SynchPrediv;
}RTC_InitTypeDef;
```

在这个结构体中,指出了 RTC 的小时格式,是 24 小时还是 12 小时;剩下 2 个是说明 RTC 异步和同步预分频的值。

(2) 时间设置初始化,其结构体为

```
typedef struct
{
  uint8_t RTC_Hours;
  uint8_t RTC_Minutes;
  uint8_t RTC_Seconds;
  uint8_t RTC_H12;
}RTC_TimeTypeDef;
```

设置时间寄存器的时、分和秒,最后一个数据域是设置时间是 AM 还是 PM。

(3) 日期设置初始化,其结构体为

```
{
typedef struct
{
  uint8_t RTC_WeekDay;
  uint8_t RTC_Month;
  uint8_t RTC_Date;
  uint8_t RTC_Year;
}RTC_DateTypeDef;
```

设置日期的星期、月、日和年。

12.6 实验步骤

12.6.1 硬件连接

本实验将使用 USART 串口通信,在 PC 上显示实时时钟。根据实验 10 USART 通信的内容可以知道,USART 通信占用了 USART1 以及复用后的 PA9 和 PA10 引脚。

12.6.2 实验讲解

在该工程中,用户需要创建 5 个文件,分别为 usart.h、usart.c、rtc_timeclk.h、rtc_timeclk.c 以及 main.c,并且在文件 stm32f4xx_it.c 中添加中断服务例程。其中 USART

通信直接可以用实验 10 的代码,此处不再赘述。

1. rtc_timeclk.h

```
1  #define RTC_CLOCK_SOURCE_LSI
2
3  #define ASYNCHPREDIV             0X7F
4  #define SYNCHPREDIV              0XFF
5
6  #define RTC_H12_AMorPM           RTC_H12_PM
7  #define HOURS                    3          // 0~23
8  #define MINUTES                  8          // 0~59
9  #define SECONDS                  0          // 0~59
10
11 #define WEEKDAY                  4          // 1~7
12 #define DATE                     8          // 1~31
13 #define MONTH                    8          // 1~12
14 #define YEAR                     19         // 0~99
15
16 #define RTC_Format_BINorBCD      RTC_Format_BIN
17
18 #define RTC_BKP_DRX              RTC_BKP_DR0
19 #define RTC_BKP_DATA             0X32F3
20
21 #define RTC_INT_EXTI_LINE        EXTI_Line22
22 #define RTC_WKUP_Counter         0x0
23 #define RTC_WKUP_Time_IRQn       RTC_WKUP_IRQn
24 #define RTC_WKUP_Time_IRQHandler RTC_WKUP_IRQHandler
25
26 void RTC_CLK_Config(void);
27 void RTC_TimeAndDate_Set(void);
28 void RTC_WakeUp_EXTI_NVIC_Config(void);
```

第一行定义了时钟源来自 LSI。第 3、4 行是设定异步和同步分频因子,根据前面对于时钟源的分析,它们分别为 127 和 255。第 6~9 行、第 11~14 行分别设置时钟的初始值,以及小时采用的格式。第 16 行给出存储日期和时间的格式是二进制还是 BCD 码,这里采用的是二进制。第 18 行宏定义了备份寄存器 0,将会将第 19 行的数据 RTC_BKP_DATA 写入该备份寄存器中,用该数据判断是否需要重新设置时间与日期。第 21~24 行用于对唤醒中断的重定义,包括唤醒中断连接在外部中断线 22、唤醒中断的计数器、外部中断源和外部中断的服务例程。最后 3 行是对 3 个配置函数的说明,包括对 RTC 配置、对时间与日期的初始化,以及对外部中断的初始化函数。

2. rtc_timeclk.c

在这个文件中,就是完成对 rtc_timeclk.h 中说明的那 3 个函数的定义(在 rtc_timeclk.h 的第 26、27 和 28 行)。

(1) RTC_TimeAndDate_Set()。完成对时间和日期的配置,主要包括把一个数据 RTC_BKP_DATA 写入备份寄存器 0 中,调用函数 RTC_WriteBackupRegister(RTC_BKP_DRX,RTC_BKP_DATA)完成。

(2) RTC_CLK_Config()。该函数主要完成设置 RTC 的时钟源,在本函数中使用的时钟源为 SEI,初始化同步、异步预分频器的值。其主要代码如下:

```
/* 使能 PWR 时钟 */
RCC_APB1PeriphClockCmd(RCC_APB1Periph_PWR, ENABLE);

/* PWR_CR:DBF 置 1,使能 RTC、RTC 备份寄存器和备份 SRAM 的访问 */
PWR_BackupAccessCmd(ENABLE);

/* 使能 LSI */
RCC_LSICmd(ENABLE);
/* 等待 LSI 稳定 */
while(RCC_GetFlagStatus(RCC_FLAG_LSIRDY) == RESET)
{}
/* 选择 LSI 作为 RTC 的时钟源 */
RCC_RTCCLKConfig(RCC_RTCCLKSource_LSI);

/* 使能 RTC 时钟 */
RCC_RTCCLKCmd(ENABLE);

/* 等待 RTC APB 寄存器同步 */
RTC_WaitForSynchro();

/* ===================== 初始化同步/异步预分频器的值 ===================== */
/* 驱动日历的时钟 ck_spre = LSE/[(255+1) * (127+1)] = 1Hz */

/* 设置异步预分频器的值 */
RTC_InitStructure.RTC_AsynchPrediv = ASYNCHPREDIV;
/* 设置同步预分频器的值 */
RTC_InitStructure.RTC_SynchPrediv = SYNCHPREDIV;
RTC_InitStructure.RTC_HourFormat = RTC_HourFormat_24;
/* 用 RTC_InitStructure 的内容初始化 RTC 寄存器 */
RTC_Init(&RTC_InitStructure);
```

(3) RTC_WakeUp_EXTI_NVIC_Config()。由于 RTC 周期唤醒产生的中断是与外部中断线 22 相连,这里初始化包括两部分:一个关于唤醒中断、设置外部中断的配置函数 EXTI_RTC_Config();另一个是配置 NVIC 的函数 RTC_NVIC_Config()。后一个配置 NVIC 的函数前面已经讲过多次,此处不再赘述。

函数 EXTI_RTC_Config()包括首先禁止唤醒定时器,因为只有在禁止定时器的情况下才能配置。然后设置唤醒时钟源,这里用的是 ck_spre,其为 1Hz。然后设置计数器,由于这里需要每一秒中断一次,然后显示日期和时间,因此该计数器设置为 0。清唤醒中断位和外部中断线 22 的中断位,以便能够响应中断。紧接着使能唤醒中断和唤醒定时器。最后是初始化外部中断线 22。该函数代码如下:

```
//设置中断
static void EXTI_RTC_Config(void)
{
```

```
    EXTI_InitTypeDef EXTI_InitStructure;

    RTC_WakeUpCmd(DISABLE);
    RTC_WakeUpClockConfig(RTC_WakeUpClock_CK_SPRE_16bits);
    //设置唤醒时钟源,应用 ck_spre,
    RTC_SetWakeUpCounter(RTC_WKUP_Counter);
    //设置计数器,由于 ck_spre = 1Hz, 因此当 RTC_WKUP_Counter = 0 时,
    //每秒产生一个唤醒中断;若 RTC_WKUP_Counter = 0x01,则每 2s 唤醒一次中断
    RTC_ClearITPendingBit(RTC_IT_WUT);            //清唤醒中断位
    EXTI_ClearITPendingBit(EXTI_Line22);          //清外部中断线 22 的中断
    RTC_ITConfig(RTC_IT_WUT,ENABLE);              //使能唤醒中断
    RTC_WakeUpCmd(ENABLE);                        //使能唤醒定时器

    EXTI_InitStructure.EXTI_Line = RTC_INT_EXTI_LINE;
    EXTI_InitStructure.EXTI_Mode = EXTI_Mode_Interrupt;
    EXTI_InitStructure.EXTI_Trigger = EXTI_Trigger_Rising;
    EXTI_InitStructure.EXTI_LineCmd = ENABLE;
    EXTI_Init(&EXTI_InitStructure);
}
```

3. 在 stm32f4xx_it.c 文件中添加中断服务例程

该文件中断服务例程关于 USART 接收的例程,可以直接用实验 10 中的关于 USART 的中断服务例程。唤醒中断的中断服务例程的主要功能就是获得当前的日期和时间,并在串口调试助手工具中显示。需要注意一点,就是要调用清中断的函数清除该中断位:

```
RTC_ClearITPendingBit(RTC_IT_WUT);
EXTI_ClearITPendingBit(RTC_INT_EXTI_LINE);
```

读日期和时间的两个库函数如下:

```
RTC_GetTime(RTC_Format_BIN, &RTC_TimeStructure);
RTC_GetDate(RTC_Format_BIN, &RTC_DateStructure);
```

4. main.c 文件

在 main()函数中配置 USART、RTC,当我们配置过 RTC 时间之后就往备份寄存器 0 写入一个数据做标记,所以每次程序重新运行的时候就通过检测备份寄存器 0 的值来判断 RTC 是否已经配置过,如果配置过,则继续运行;如果没有配置过就初始化 RTC,则配置 RTC 的时间。然后初始化中断,最后就是一个 while(1){} 循环,等待中断,显示日期和时间,该函数的代码如下:

```
int main(void)
{
    /*初始化 LED */
    //LED_GPIO_Config();
```

```
/* 初始化调试串口. */
usartx_Config();

/* RTC 配置:选择时钟源,设置 RTC_CLK 的分频系数 */
RTC_CLK_Config();
if (RTC_ReadBackupRegister(RTC_BKP_DRX) != RTC_BKP_DATA)
{
    /* 设置时间和日期 */
    RTC_TimeAndDate_Set();
}
else
{
    /* 使能 PWR 时钟 */
    RCC_APB1PeriphClockCmd(RCC_APB1Periph_PWR, ENABLE);
    /* PWR_CR:DBF 置 1,使能 RTC、RTC 备份寄存器和备份 SRAM 的访问 */
    PWR_BackupAccessCmd(ENABLE);
    /* 等待 RTC APB 寄存器同步 */
    RTC_WaitForSynchro();
}

/* 初始化中断 */
RTC_WakeUp_EXTI_NVIC_Config();

while(1){}
}
```

12.6.3 串口调试助手

在本实验 RTC 实时日期显示将通过 USB 连接串口。在通信中,USB 一端连接到 PC,另一端连接到开发板上。在 PC 上运用串口调试助手软件,在串口调试助手上就可以看到发送的字符,也就是说,在串口调试助手上显示日期和时间。

12.6.4 创建工程

1. 创建新工程

将工程模板 template 复制一份到工程目录下,并修改该文件夹的名字,这里改为 ex12-RTC-timeclock。启动 Keil μVision5,选择 Project→New μVision Project 会弹出一个文件选项,我们将新建的工程文件保存在\Project 文件夹下,并命名为 rtc_time,单击"保存"按钮。

2. 创建文件

1) usart.c 和 usart.h 文件

直接将实验 10 中 USR 文件夹下的 usart 文件夹复制到该工程的 USR 文件夹中,这样,usart.c 和 usart.h 文件就在本实验中生成。

2) rtc_timeclk.c 和 rtc_timeclk.h 文件

在 USR 文件夹下创建一个文件夹 RTC,并在此文件夹下创建文件 rtc_timeclk.c 和

rtc_timeclk.h。

3) 修改 main.c 文件

在 USR 文件夹中有 main.c 文件,修改其代码,但是函数 void TimingDelay_Decrement(void) 的定义不用修改。

4) stm32f4xx_it.c

直接将实验 10 中的该文件复制到 USR 文件夹中,同时在该文件最后创建 RTC 唤醒中断服务例程即可。

3. 添加文件到工程

添加的方法与添加的文件除了组 USR 以外,其余的不变,此处不再赘述。

单击 USR 组,单击 Add Files 添加文件,添加文件夹 USR 中的两个.c 文件,以及 USR\usart 和 USR\RTC 中的.c 文件。

4. 配置参数

配置参数的方法,与实验 4 完全一样,大家可以参照实验 4 进行配置,注意包含路径需要根据本实验进行设置。

5. 运行

(1) 在 PC 上打开串口调试助手,这里用的是 SSCOM 串口调试助手。选择合适的 COM 口,将波特率设置成串口 1 程序初始化的那个波特率参数也即 115200。

(2) 单击 [图标] 按钮编译代码,成功后,单击 [图标] 按钮下载程序到开发板,程序下载后,在 Build Output 选项卡中如果出现 Application running…,则表示程序下载成功。

(3) 观察串口调试助手,就会看到实时时间,而且每秒显示一次,如图 12.3 所示。

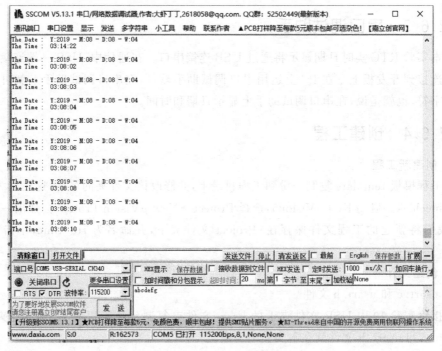

图 12.3 RTC 实时时间的显示

12.7 实验参考程序

这里给出了 rtc_timeclk.h、rtc_timeclk.c 以及 main.c 的源代码,以及在文件 stm32f4xx_it.c 中添加的中断服务例程 RTC_WKUP_Time_IRQHandler()源代码。

1. rtc_timeclk.h 源代码

```
#ifndef __RTC_H__
#define __RTC_H__

#include "stm32f4xx.h"

//时钟源宏定义
#define RTC_CLOCK_SOURCE_LSI

//异步分频因子
#define ASYNCHPREDIV            0X7F
//同步分频因子
#define SYNCHPREDIV             0XFF

//时间宏定义
#define RTC_H12_AMorPM          RTC_H12_PM
#define HOURS       3           // 0~23
#define MINUTES     8           // 0~59
#define SECONDS     0           // 0~59

//日期宏定义
#define WEEKDAY     4           // 1~7
#define DATE        8           // 1~31
#define MONTH       8           // 1~12
#define YEAR        19          // 0~99

//时间格式宏定义
#define RTC_Format_BINorBCD     RTC_Format_BIN

//备份域寄存器宏定义
#define RTC_BKP_DRX             RTC_BKP_DR0
//写入备份寄存器的数据宏定义
#define RTC_BKP_DATA            0X32F3

//中断
#define RTC_INT_EXTI_LINE EXTI_Line22            //外部中断 22 线
#define RTC_WKUP_Counter 0x0                     //唤醒中断计数值
#define RTC_WKUP_Time_IRQn RTC_WKUP_IRQn         //中断源
#define RTC_WKUP_Time_IRQHandler RTC_WKUP_IRQHandler   //中断服务例程

void RTC_CLK_Config(void);
void RTC_TimeAndDate_Set(void);
void RTC_WakeUp_EXTI_NVIC_Config(void);

#endif // __RTC_H__
```

2. rtc_timeclk.c 源代码

```c
#include "stm32f4xx.h"
#include "./usart/usart.h"
#include "./RTC/rtc_timeclk.h"

//设置时间和日期
void RTC_TimeAndDate_Set(void)
{
    RTC_TimeTypeDef RTC_TimeStructure;
    RTC_DateTypeDef RTC_DateStructure;
    // 初始化时间
    RTC_TimeStructure.RTC_H12 = RTC_H12_AMorPM;
    RTC_TimeStructure.RTC_Hours = HOURS;
    RTC_TimeStructure.RTC_Minutes = MINUTES;
    RTC_TimeStructure.RTC_Seconds = SECONDS;
    RTC_SetTime(RTC_Format_BINorBCD, &RTC_TimeStructure);
    RTC_WriteBackupRegister(RTC_BKP_DRX, RTC_BKP_DATA);
    //初始化日期
    RTC_DateStructure.RTC_WeekDay = WEEKDAY;
    RTC_DateStructure.RTC_Date = DATE;
    RTC_DateStructure.RTC_Month = MONTH;
    RTC_DateStructure.RTC_Year = YEAR;
    RTC_SetDate(RTC_Format_BINorBCD, &RTC_DateStructure);
    RTC_WriteBackupRegister(RTC_BKP_DRX, RTC_BKP_DATA);
}

//RTC 配置:选择 RTC 时钟源,设置 RTC_CLK 的分频系数
//使用 SLI 内部时钟
void RTC_CLK_Config(void)
{
    RTC_InitTypeDef RTC_InitStructure;
    /* 使能 PWR 时钟 */
    RCC_APB1PeriphClockCmd(RCC_APB1Periph_PWR, ENABLE);
    /* PWR_CR:DBF 置 1,使能 RTC、RTC 备份寄存器和备份 SRAM 的访问 */
    PWR_BackupAccessCmd(ENABLE);
    /* 使能 LSI */
    RCC_LSICmd(ENABLE);
    /* 等待 LSI 稳定 */
    while(RCC_GetFlagStatus(RCC_FLAG_LSIRDY) == RESET)
    {}
    /* 选择 LSI 作为 RTC 的时钟源 */
    RCC_RTCCLKConfig(RCC_RTCCLKSource_LSI);
    /* 使能 RTC 时钟 */
    RCC_RTCCLKCmd(ENABLE);
    /* 等待 RTC APB 寄存器同步 */
    RTC_WaitForSynchro();
    /* ==================== 初始化同步/异步预分频器的值 ==================== */
    /* 驱动日历的时钟 ck_spare = LSE/[(255 + 1) * (127 + 1)] = 1Hz */
    /* 设置异步预分频器的值 */
```

```c
    RTC_InitStructure.RTC_AsynchPrediv = ASYNCHPREDIV;
    /*设置同步预分频器的值 */
    RTC_InitStructure.RTC_SynchPrediv = SYNCHPREDIV;
    RTC_InitStructure.RTC_HourFormat = RTC_HourFormat_24;
    /*用 RTC_InitStructure 的内容初始化 RTC 寄存器 */
    RTC_Init(&RTC_InitStructure);
}

//设置中断
static void EXTI_RTC_Config(void)
{
    EXTI_InitTypeDef EXTI_InitStructure;

    RTC_WakeUpCmd(DISABLE);
    //设置唤醒时钟源,应用 ck_spre
    RTC_WakeUpClockConfig(RTC_WakeUpClock_CK_SPRE_16bits);
    /*设置计数器,由于 ck_spre = 1Hz,因此当 RTC_WKUP_Counter = 0 时,
    每秒产生一个唤醒中断;若 RTC_WKUP_Counter = 0x01,则每 2s 唤醒一次中断*/
    RTC_SetWakeUpCounter(RTC_WKUP_Counter);
    RTC_ClearITPendingBit(RTC_IT_WUT);          //清唤醒中断位
    EXTI_ClearITPendingBit(EXTI_Line22);        //清外部中断线 22 的中断
    RTC_ITConfig(RTC_IT_WUT,ENABLE);            //使能唤醒中断
    RTC_WakeUpCmd(ENABLE);                      //使能唤醒定时器
    //设置外部中断线 22 位
    EXTI_InitStructure.EXTI_Line = RTC_INT_EXTI_LINE;
    EXTI_InitStructure.EXTI_Mode = EXTI_Mode_Interrupt;
    EXTI_InitStructure.EXTI_Trigger = EXTI_Trigger_Rising;
    EXTI_InitStructure.EXTI_LineCmd = ENABLE;
    EXTI_Init(&EXTI_InitStructure);
}

//设置 NVIC
static void RTC_NVIC_Config(void)
{
    NVIC_InitTypeDef NVIC_InitStructure;
    NVIC_PriorityGroupConfig(NVIC_PriorityGroup_0);

    NVIC_InitStructure.NVIC_IRQChannel = RTC_WKUP_Time_IRQn;
    NVIC_InitStructure.NVIC_IRQChannelPreemptionPriority = 0;
    NVIC_InitStructure.NVIC_IRQChannelSubPriority = 1;
    NVIC_InitStructure.NVIC_IRQChannelCmd = ENABLE;
    NVIC_Init(&NVIC_InitStructure);
}

//配置唤醒中断
void RTC_WakeUp_EXTI_NVIC_Config(void)
{
    EXTI_RTC_Config();
    RTC_NVIC_Config();
}
```

3. main.c 源代码

```c
#include "stm32f4xx.h"
#include "./usart/usart.h"
#include "./RTC/rtc_timeclk.h"

int main(void)
{
    /* 初始化调试串口,一般为串口 1 */
    usartx_Config();
    /*
     * 当我们配置过 RTC 时间之后就向备份寄存器 0 写入一个数据做标记
     * 所以每次程序重新运行的时候就通过检测备份寄存器 0 的值来判断
     * RTC 是否已经配置过,如果配置过那就继续运行,如果没有配置过
     * 就初始化 RTC,配置 RTC 的时间.
     */
    /* RTC 配置:选择时钟源,设置 RTC_CLK 的分频系数 */
    RTC_CLK_Config();
    if (RTC_ReadBackupRegister(RTC_BKP_DRX) != RTC_BKP_DATA)
    {
        /* 设置时间和日期 */
        RTC_TimeAndDate_Set();
    }
    else
    {
        /* 检查是否电源复位 */
        if (RCC_GetFlagStatus(RCC_FLAG_PORRST) != RESET)
        {
            printf("\r\n 发生电源复位....\r\n");
        }
        /* 检查是否外部复位 */
        else if (RCC_GetFlagStatus(RCC_FLAG_PINRST) != RESET)
        {
            printf("\r\n 发生外部复位....\r\n");
        }
        printf("\r\n 不需要重新配置 RTC....\r\n");
        /* 使能 PWR 时钟 */
        RCC_APB1PeriphClockCmd(RCC_APB1Periph_PWR, ENABLE);
        /* PWR_CR:DBF 置 1,使能 RTC、RTC 备份寄存器和备份 SRAM 的访问 */
        PWR_BackupAccessCmd(ENABLE);
        /* 等待 RTC APB 寄存器同步 */
        RTC_WaitForSynchro();
    }
    /* 初始化中断 */
    RTC_WakeUp_EXTI_NVIC_Config();
    while(1)
    { }
}
```

4. stm32f4xx_it.c 中 RTC_WKUP_Time_IRQHandler() 源代码

```c
#include "./RTC/rtc_timeclk.h"
void RTC_WKUP_Time_IRQHandler(void)
{
    RTC_TimeTypeDef RTC_TimeStructure;
    RTC_DateTypeDef RTC_DateStructure;

    RTC_ClearITPendingBit(RTC_IT_WUT);           //清唤醒中断位

    if((EXTI_GetITStatus(RTC_INT_EXTI_LINE)) != RESET )
    {
        //读取日期和时间
        RTC_GetTime(RTC_Format_BIN, &RTC_TimeStructure);
        RTC_GetDate(RTC_Format_BIN, &RTC_DateStructure);

        //打印日期
        printf("The Date :  Y:20%0.2d - M:%0.2d - D:%0.2d - W:%0.2d\r\n",
        RTC_DateStructure.RTC_Year,
        RTC_DateStructure.RTC_Month,
        RTC_DateStructure.RTC_Date,
        RTC_DateStructure.RTC_WeekDay);

        //打印时间
        printf("The Time :   %0.2d:%0.2d:%0.2d \r\n\r\n",
        RTC_TimeStructure.RTC_Hours,
        RTC_TimeStructure.RTC_Minutes,
        RTC_TimeStructure.RTC_Seconds);
    }
    EXTI_ClearITPendingBit(RTC_INT_EXTI_LINE);   //清中断位
}
```

12.8 实验总结

本实验基于 STM32F4 芯片，实现了使用芯片内部的 RTC 计时，并以 1s 的间隔通过串口向上位机(PC)发送当前时间，完成了电子时钟的功能。经过本次实验，应能熟练掌握 RTC 组件的相关配置方法。

12.9 思考题

(1) 尝试使用不同时钟源分频配置 RTC。
(2) 比较系统计时器中断和 RTC 组件在计时方面的区别。

实验 13 实时操作系统内核移植与编译实验

EXPERIMENT 13

13.1 实验目的

- 掌握将 μC/OS-Ⅲ 移植到 STM32F429 开发板的方法；
- 了解 μC/OS-Ⅲ 的基本原理和移植原理。

13.2 实验设备

1. 硬件

（1）PC 一台；
（2）STM32F429IGT6 核心板一块；
（3）DAP 仿真器一个。

2. 软件

（1）Keil μVision5 集成开发环境；
（2）Windows 7/8/10 系统。

13.3 实验内容

首先到官方网站下载 μC/OS-Ⅲ 源码。为了降低移植门槛，可以下载相应内核评估板的源码，这很适合初学者首次移植系统。然后借助开发板可行的裸机例程为平台，将 μC/OS-Ⅲ 源码移植到例程上，选择一个硬件定时器驱动的时基时钟，带动整个 μC/OS-Ⅲ 系统运行。最后在应用中调用 μC/OS-Ⅲ 的延时函数测试延时的时间是否正确，如果正确，那么移植 μC/OS-Ⅲ 系统就成功了。实验可以借助一些串口调试程序来进行调试，也可以使用板子上的 LED 灯的输出来直观反映。

13.4 实验预习

- 仔细阅读 μC/OS-Ⅲ 的组成和移植的相关资料；

- 了解 STM32F4 系列开发板的硬件结构,包括中断控制器和定时器;
- 阅读 Keil 及 DAP 仿真器的相关资料,熟悉 Keil 集成开发环境和仿真器的使用。

13.5 实验原理

μC/OS-Ⅲ 是一个可扩展的、可固化的、可抢占的实时操作系统。它包括两种类型的实时系统:软实时系统和硬实时系统。在硬实时操作系统中,运算超时是不允许发生的,运算超时会导致严重后果,因此要求在规定的时间内必须完成任务。但是在软实时操作系统中,超时不会导致严重后果,只是要求越快完成任务越好。

μC/OS-Ⅲ 与 μC/OS-Ⅱ 相比,它管理的任务个数不再是有限制的,而是无限多个。然而这只是理论上的任务个数,在实际实现中,任务个数肯定是有限的。任务的优先级也有了很大的变化,在 μC/OS-Ⅱ 中,只有 0~63 个优先级,而且优先级不能重复,μC/OS-Ⅲ 的优先级是没有限制的,允许几个任务同时使用同一个优先级,对同一个优先级的任务,支持时间片调度法。它提供了实时内核所期望的所有功能,包括资源管理、同步、内部任务交流等。
μC/OS-Ⅲ 通过给调度器上锁的方式保护临界段代码,不使用关中断的方式,内核关中断的时钟周期几乎为零,这就保证了 μC/OS-Ⅲ 能够响应那些最快的中断。μC/OS-Ⅲ 也提供了很多其他实时内核中所没有的特性,比如在运行时测量运行性能,直接发送信号或消息给任务,任务能同时等待多个信号量和消息队列。

μC/OS-Ⅲ 是用 C 语言和汇编语言完成的,其中绝大部分代码是用 C 语言编写的,只有极少数与处理器密切相关的代码才是用汇编写的。μC/OS-Ⅲ 结构简洁,可读性很强。

μC/OS-Ⅲ 的文件按照由低层到高层的排列顺序整理,如图 13.1 所示。

μC/OS-Ⅲ 文件分为 3 部分:与硬件相关的 OS 代码、与硬件无关的 OS 代码和应用的配置文件及应用代码。其中:

(1) 半导体厂家提供固件库函数。以控制 CPU 或 MCU 的外设。这些库函数非常高效,对文件没有规定,因此假定为 *.C、*.H。

(2) 板级支持包 BSP。用于初始化目标板,例如,打开或关闭 LED、继电器、读取开关值、读取温度传感器的值等。

(3) 中断相关的代码。包括中断的使能和除能。CPU_??? (? 表示任意字符) 类型的文件都是独立于 CPU 的,在编译时用到,而且可能非常有用。

(4) 适应不同架构的 CPU 的代码,放在名为 port 的文件夹中。

(5) μC/OS-Ⅲ 与处理器无关的代码。这些代码都遵循 ANSI C 标准。

(6) 库的源文件。提供了常用基本的功能,如内存复制、字符串、ASCII 码相关的函数。

(7) μC/OS-Ⅲ 功能的配置文件(OS_CFG.H)。包含在应用中,OS_CFG_APP.H 定义了 μC/OS-Ⅲ 所需的变量类型大小、数据的结构、空闲任务堆栈的大小、时钟速率、内存池大小等。

(8) 应用代码。包括与工程、产品相关应用文件,它们被简称为 APP.C 和 APP.H。函数 Main() 应该在 APP.C 代码中。

从整体上讲,μC/OS-Ⅲ 可以分为任务管理、终端管理、时间管理、内存管理、共享资源管理以及同步和消息传递。

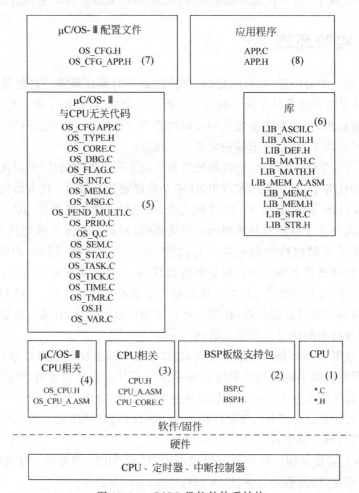

图 13.1　μC/OS-Ⅲ软件体系结构

13.6　实验步骤

13.6.1　μC/OS-Ⅲ下载

打开 Micrium 公司官方网站，根据开发板的型号下载对应的 μC/OS-Ⅲ。

在下载 μC/OS-Ⅲ时，要注意开发平台的选择，若工程是基于 Keil MDK 平台开发的，则选择该平台的 STM32F429 开发板上测试的 μC/OS-Ⅲ源代码。

13.6.2　μC/OS-Ⅲ源代码文件结构

μC/OS-Ⅲ的源代码是基于测试的，在源代码中包含测试的例子，它的文件结构如图 13.2 所示。

μC/OS-Ⅲ的 Software 文件夹中包含的是操作系统的源代码。分为 3 部分：与 CPU 相

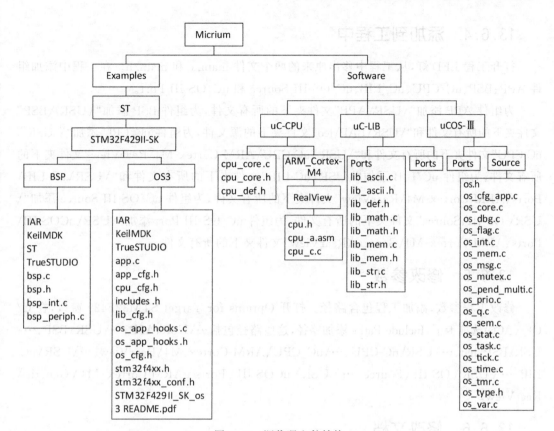

图 13.2 源代码文件结构

关的源码 uC-CPU、与标准库相关的源码 uC-LIB 和 μC/OS-Ⅲ 的源码 uCOS-Ⅲ。在这 3 个文件夹中都有与平台相关的源码,若用的是 Keil MDK 平台,只需保留 RealView 文件夹就可以,其他文件夹可以删除。

Examples 文件夹中是一个例子,给出如何在 μC/OS-Ⅲ 下创建应用。

13.6.3 文件复制

选择一个在 STM32F4 开发板上可用的裸机例程作为工程的模板,以一个简单的"LED 灯"为例,介绍如何开发基于 μC/OS-Ⅲ 的 LED 灯例程。

(1) 在 LED 文件夹的 USR 文件夹下创建文件夹 APP 和 BSP;

(2) 将 μC/OS-Ⅲ 的 Software 文件夹中 uC-CPU、uC-LIB 和 uCOS-Ⅲ 3 个文件夹分别复制到 LED 例程 USR 下;

(3) 将 μC/OS-Ⅲ 文件夹 ".\Micrium\Examples\ST\STM32F429II-SK\OS3"的与应用相关的文件 app.c、app_cfg.h、cpu_cfg.h、includes.h、lib_cfg.h、os_app_hooks.c、os_app_hooks.h、os_cfg.h、os_cfg_app.h 这 9 个文件复制到 LED 例程的 "./USR/APP" 下;

(4) 将 μC/OS-Ⅲ 文件夹 ".\Micrium\Examples\ST\STM32F429II-SK\BSP" 里的两个文件 bsp.c、bsp.h 复制到 LED 例程的 ".\USR\BSP" 中。

13.6.4 添加到工程中

打开工程 LED 灯,从工程中移出原来的两个文件 main.c 和 main.h。在工程中添加组件 APP、BSP、uC/CPU、uC/LIB、uC/OS-Ⅲ Source 和 uC/OS-Ⅲ Port。

为组件 APP 添加"\USR\APP"文件夹下的所有文件,为组件 BSP 添加"\USR \BSP"文件夹下的所有文件和"\USR\BAP\led"文件夹下的源文件,为组件 uC/CPU 添加"\ USR \ uC-CPU"文件夹下的所有文件和"\USR \uC-CPU\ARM-Cortex-M4\RearView"文件夹下的所有文件,为组件 uC/LIB 添加"\USR\uC-LIB"文件夹下的所有文件和"\USR\uC-LIB\Ports\ARM-Cortex-M4\RearView"文件夹下的所有文件,为组件 uC/OS-Ⅲ Source 添加"\USR\ OS-Ⅲ\Source"文件夹下的所有文件,为组件 uC/OS-Ⅲ Port 添加"\USR\uCOS-Ⅲ\Ports\ARM-Cortex-M4\Generic\RearView"文件夹下的所有文件。

13.6.5 修改参数

修改工程参数,添加工程包含路径。打开 Options for Target STM32F429 窗口,在 C/C++(AC6)选项卡下,Include Paths 添加路径,这些路径包括…\USR\APP、…\USR\BSP、…\USR\BSP\led、…\USR\uC-CPU、…\uC_CPU\ARM-Cortex-M4\RearView、…\USR\uC-LIB、…\ USR \ OS-Ⅲ\ Source、…\ USR \ uCOS-Ⅲ \ Ports \ ARM-Cortex -M4 \ Generic \ RearView。

13.6.6 修改文档

1. 修改启动文件

将启动文件 startup_stm32f429_439xx.s 中的 PendSV_Handler 和 SysTick_Handler 分别改为 OS_CPU_PendSVHandler 和 OS_CPU_SysTickHandler,并且在复位使使能浮点支持。

2. 修改 bsp.h 和 bsp.c 文件

由于在 μC/OS-Ⅲ 源码中 bsp.h 和 bsp.c 中是它所带的 STM32F4 开发板驱动的代码,这里要修改成自己开发板的驱动代码。在 bsp.h 中添加自己的驱动文件的头文件,比如在工程中添加"#include "stm32f4xx.h""和"#include "led.h""。在 bsp.c 中删除原有的初始化 LED 灯代码,添加自己的 LED 灯驱动代码。

3. 修改应用文件,检查 μC/OS-Ⅲ 系统是否移植成功

修改应用文件 app_cfg.h, app.c。创建一个任务,称为起始任务,每隔 5s 切换一次 LED1 的亮灭,以检查 OS 是否移植成功。下面是一个 app.c 的文档:

```
int main(void)
{
    ...
    OSInit(&os_err);              /* Init uC/OS - III.       */ (1)
    ...
    OSTaskCreate((OS_TCB *)&AppTaskStartTCB, /* Create the start task */(2)
```

```
                 "App Task Start",
                 AppTaskStart,
                 0,
                 APP_CFG_TASK_START_PRIO,
                 &AppTaskStartStk[0],
                 AppTaskStartStk[APP_CFG_TASK_START_STK_SIZE / 10u],
                 APP_CFG_TASK_START_STK_SIZE,
                 0u,
                 0u,
                 0u,
                 (OS_OPT_TASK_STK_CHK | OS_OPT_TASK_STK_CLR),
                 &os_err);

    OSStart(&os_err);              /* Start multitasking   */ (3)
}
static void AppTaskStart (void * p_arg)(4)
{
    ...
    while (DEF_TRUE){ /* Task body, always as an
                         infinite loop. */ (5)
      ...(6)
      OSTimeDlyHMSM(0u, 0u, 0u, 500u,(7)
        OS_OPT_TIME_HMSM_STRICT,
        &os_err);
    }
}
```

应用程序主要包括在代码中标注的 7 部分：

(1) OSInit()初始化 μC/OS-Ⅲ,优先于 OSStart(),而 OSStart()是启动多任务；
(2) OSTaskCreate()创建一个任务,该任务是由 μC/OS-Ⅲ管理的；
(3) OSStart()开始多任务运行,该函数是在 OSInit()被调用后,从起始代码中调用；
(4) AppTaskStart 是在创建任务时所要执行的任务；
(5) 一个任务必须写成无限循环,不能有返回值；
(6) 硬件依赖的代码,比如点亮 LED 灯；
(7) OSTimeDlyHMSM()延迟,至少要有一个参数为非零,该任务才能被重新调用。可以在此放置一个断点以检查该任务是否是周期性的运行。

13.7 实验总结

该实验主要介绍了 μC/OS-Ⅲ是如何移植到 STM32F4 开发板上的。首先在官方网站下载 μC/OS-Ⅲ,然后借助开发板可运行的裸机例程为平台,将 μC/OS-Ⅲ源代码移植到该例程中,选择一个硬件定时器驱动 μC/OS-Ⅲ的时基时钟 SYSTick,带动整个 μC/OS-Ⅲ运行。最后在应用中调用 μC/OS-Ⅲ的延时函数测试延时时间是否正确,若正确,则 μC/OS-Ⅲ通常就移植成功了。

13.8 思考题

(1) 简述 μC/OS-Ⅲ 的软件体系架构。
(2) 简述 μC/OS-Ⅲ 的应用的基本结构。
(3) 编写多任务运行的应用。

实验 14　综合实验：最小系统的实验

EXPERIMENT 14

14.1　实验目的

- 熟悉及掌握 Keil μVision5 集成开发环境及其使用方法；
- 熟悉 Cortex-M4 开发板各模块的功能、开发流程、下载调试方法等；
- 熟悉及掌握基于 Cortex-M4 模块的最小系统的基本模块组成；
- 掌握 Cortex-M4 内存缓冲区的基本使用方法。

14.2　实验设备

1. 硬件

（1）PC 一台；
（2）STM32F429IGT6 核心板一块；
（3）DAP 仿真器一个。

2. 软件

（1）Keil μVision5 集成开发环境；
（2）Windows 7/8/10 系统。

14.3　实验内容

14.3.1　实验题目

使用基于 Cortex-M4 的最小系统实现一个循环缓冲区。通过串口写入数据，通过按键读出数据，并将缓冲区中的数据由串口输出显示。

14.3.2　实验描述

使用基于 Cortex-M4 的最小系统实现循环缓冲区，首先要在系统的内存区域将一块存储区域定义为所要使用的循环缓冲区；其次要定义循环缓冲区的读、写指针，分别用来读、写缓冲区；读写缓冲区时及时更新指针，当指针移动到缓冲区末尾时要重新指向开始位置。

14.4 实验预习

- 了解 STM32F4 的基本原理；
- 了解复位电路、电源电路的基本原理；
- 阅读 Keil 及 DAP 仿真器的相关资料，熟悉 Keil 集成开发环境和仿真器的使用。

14.5 实验原理

14.5.1 最小系统介绍

最小系统就是能够实现程序运行的最少器件的组合，包括如下部分。

（1）晶振：决定开发板的时钟周期；

（2）复位电路：用于系统的复位；

（3）电源电路：用于给开发板系统供电，供电电压一般在 5V 左右，经过电源电路的处理之后得到芯片常用的 3.3V；

（4）下载电路：用于把写好的程序或工程烧写到开发板内部，也可以连接计算机在线调试等；

（5）内存：运行程序的必要条件，是程序和数据的存储空间。

14.5.2 循环缓冲区

1. 循环缓冲区的概念及用法

循环缓冲区类似于循环队列，当循环缓冲区中的一个元素被取出后，其余元素不需要移动其存储位置，只需移动指针。循环缓冲区最适合先进先出的应用。

循环缓冲区事先声明了缓冲区的最大容量，让缓冲区首尾相接，并且使用读写指针来标志读写位置，使用一定的策略来判断缓冲何时为满，何时为空。

2. 循环缓冲区工作过程

循环缓冲区最初为空，并有预定的长度。以下采用一个大小为 7 个元素空间的圆形缓冲区举例说明。如图 14.1 所示，底部的单线和箭头表示头尾相接形成的环形地址空间。

假定 1 被写入缓冲区中部（对于环形缓冲区来说，最初的写入位置在哪里是无关紧要的），如图 14.2 所示。

图 14.1 缓冲区初始状态　　　　　图 14.2 1 写入缓冲区

再写入两个元素，即将 2 和 3 追加在 1 之后，如图 14.3 所示。

如果两个元素被处理，那么缓冲区中最老的两个元素被移除。在本例中，1 和 2 被移除，缓冲区中只剩下 3，如图 14.4 所示。

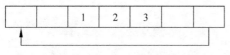

图 14.3　2、3 写入缓冲区

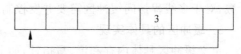

图 14.4　1、2 被移出缓冲区

如果缓冲区中有 7 个元素，则是满的，如图 14.5 所示。

如果缓冲区是满的，又要写入新的数据，一种策略是覆盖掉最老的数据。此例中，两个新数据——A 和 B——写入，覆盖了 3 和 4，如图 14.6 所示。

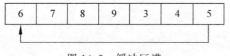

图 14.5　缓冲区满

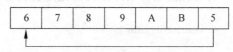

图 14.6　A、B 进入缓冲区覆盖 3、4

也可以采取其他策略禁止覆盖缓冲区的数据，如返回一个错误码或者抛出异常。最终，如果从缓冲区中移除两个数据，那么不是 3 和 4，而是 5 和 6，因为 A 和 B 已经覆盖了 3 和 4，如图 14.7 所示。

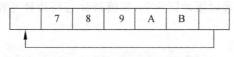

图 14.7　从缓冲区移出两个数据

3. 读指针与写指针

读指针、写指针可以用整型值来表示。如图 14.8 所示为一个未满的缓冲区的读写指针。

如图 14.9 所示为一个满的缓冲区的读写指针。

图 14.8　未满缓冲区的读写指针

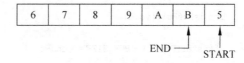

图 14.9　满缓冲区的读写指针

4. 缓冲区满和空的多种检测策略

缓冲区满或是空时，都有可能出现读指针与写指针指向同一位置的情况。以下策略用于检测缓冲区是满还是空。

1）总是保持一个存储单元为空

缓冲区中总是有一个存储单元保持未使用状态。缓冲区最多存入 size－1 个数据。如果读写指针指向同一位置，则缓冲区为空。如果写指针位于读指针相邻后的一个位置，则缓冲区为满。这种策略的优点是简单易于实现；缺点是在语义上实际可存数据量与缓冲区容量不一致，测试缓冲区是否满需要做取余数计算。

2）使用数据计数

这种策略不使用显式的写指针，而是保持着缓冲区内存储的数据的计数。因此测试缓冲区是空是满非常简单，对性能影响可以忽略；缺点是读写操作都需要修改这个存储数据计数,对于多线程访问缓冲区需要并发控制。

5. 缓冲区的具体实现

定义缓冲区具体内存和读、写指针,如下:

```c
unsigned char ringBuffer[BUF_SIZE];
unsigned int startPt;
unsigned int endPt;
```

初始化函数将缓冲区初始化为空状态,如下:

```c
void initBuf(void)
{
    unsigned char * sp = ringBuffer;
    unsigned int n = BUF_SIZE;
    while(n--) * sp++ = '\0';
    startPt = endPt = 0;
}
```

当读指针和写指针相等时缓冲区为空,当读指针与写指针左相邻时缓冲区为满。判断缓冲区为空或满的函数如下:

```c
int isBufEmpty(void)
{
if(startPt == endPt)
    return 1;
else
    return 0;
}

int isBufFull(void)
{
if((startPt + 1) % BUF_SIZE == endPt)
    return 1;
else
    return 0;
}
```

写入字符时,缓冲区满不写入,空字符也不写入。写入一个有效字符的函数如下:

```c
unsigned char writeBufChar(unsigned char ch)
{
    if(ch == '\0')
        return 0;
    if(isBufFull())
        return 0;
    else
    {
        ringBuffer[startPt] = ch;
```

```
        startPt = (startPt + 1) % BUF_SIZE;
        return ch;
    }
}
```

读出一个有效字符的函数如下:

```
unsigned char readBufChar(void)
{
    unsigned char ch;

    if(isBufEmpty())
        return 0;
    else
    {
        ch = ringBuffer[endPt];
        endPt = (endPt + 1) % BUF_SIZE;
        return ch;
    }
}
```

当读指针与写指针左相邻时缓冲区为满,所以缓冲区的有效存储空间会比分配空间少1个,检查缓冲区剩余空间的函数如下:

```
unsigned int blankBufSpace(void)
{
    return (endPt + BUF_SIZE - startPt - 1) % BUF_SIZE ;
}
```

判定缓冲区当前已使用空间如下:

```
unsigned int usedBufSpace(void)
{
    return (startPt + BUF_SIZE - endPt) % BUF_SIZE ;
}
```

查看缓冲区内容时,为直观起见,将有效数据正常输出,将无效数据输出为字符 *。

```
void printBuf(void)
{
    int i;
    char ch;

    if(startPt >= endPt)
    {
        for(i = 0; i < BUF_SIZE; i++)
        {
            if((i >= endPt) && (i < startPt))
```

```
                    ch = ringBuffer[i];
                else
                    ch = ' * ';
                printf(" % c",ch);
            }

        }
        else
        {
            for(i = 0;i < BUF_SIZE;i++)
            {
                if((i > = endPt) || (i < startPt))
                    ch = ringBuffer[i];
                else
                    ch = ' * ';
                printf(" % c",ch);
            }
        }
        printf("\r\n");
        printf("The Buffer startPt is % d ,endPt is % d, and used % d, unused % d \r\n", startPt,
endPt, usedBufSpace(),   blankBufSpace());

}
```

14.6 实验步骤

14.6.1 硬件连接

本实验需要利用按键和串口实现缓冲区的写入和读出。按键的连接和实验 6 相同,具体可参考实验 6;串口和实验 10 相同,具体可参考实验 10,硬件连接如图 14.10 所示。

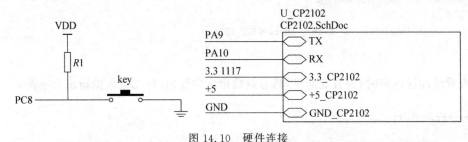

图 14.10 硬件连接

14.6.2 实验讲解

在该工程中,用户需要创建 5 个 C 文件,分别是 main.c、stm32f4xx_it.c、usart.c、key.c 和 buffer.c,以及对应的头文件。不过 key.c 和 key.h,usart.c 和 usart.h 可直接复制实验 6 和实验 10 的源码,无须修改;main.c 和 stm32f4xx_it.c 可在实验 10 的源码基础上简单修改;只有 buffer.c 和 buffer.h 需要重新编辑,也是本实验的重点内容。

1. key.h 和 key.c 文件

由于本实验的按键还是使用实验 6 中的按键设置,因此这里只需要把实验 6 中的文件 key.h 和 key.c 复制过来就可以了。

2. usart.h 和 usart.c 文件

由于本实验还是使用实验 10 中的串口设置,因此再把实验 10 中的文件 usart.h 和 usart.c 复制过来就可以了。

3. buffer.h 文件

该文件定义了缓冲区大小的常量 BUF_SIZE 并声明了有关缓冲区操作的所有函数。其他文件若需要操作缓冲区,则需要包含该头文件。

```c
#define BUF_SIZE          64

extern void initBuf(void );
extern int isBufEmpty(void);
extern int isBufFull(void);
extern unsigned char writeBufChar(unsigned char ch );
extern unsigned char readBufChar(void);
extern unsigned int writeBufString(unsigned char * str);
extern unsigned int writeBufMultiChar(unsigned char * buf, unsigned int num);
extern unsigned int readBufMultiChar(unsigned char * buf, unsigned int num);
extern unsigned int blankBufSpace(void);
extern unsigned int usedSBufpace(void);
extern void printBuf(void);
```

4. buffer.c 文件

该文件包含了所有缓冲区操作函数的实现,其主要函数在前面已有分析,此处不再赘述。

5. main.c 文件

该文件包含了主函数 main。该文件首先完成串口初始化、按键初始化和缓冲区初始化;接着,将初始化的缓冲区从串口输出(见第 7 行和第 8 行);然后调用函数向缓冲区插入一个字符串"Hello World!",并将结果从串口输出显示(见第 10~12 行);最后,在 while 循环里不断扫描按键,当检测到按键有效时从缓冲区读出一个字符,并将缓冲区的最新状态从串口输出显示。

```c
1   int main(void)
2   {
3       usartx_Config();
4       Key_GPIO_Config();
5       initBuf();
6
7       printf("Initiate the RingBuffer!\r\n");
8       printBuf();
9
10      printf("Insert a string \"Hello World!\"\r\n");
```

```
11      writeBufString("Hello World!");
12      printBuf();
13
14      while(1)
15      {
16              if(Key_Scan(KEY1_GPIO,KEY1_PIN) == KEY_ON  )
17              {
18                      readBufChar();
19                      printBuf();
20              }
21      }
22
23 }
```

程序加载运行后,可以在串口看到如图 14.11 所示信息。

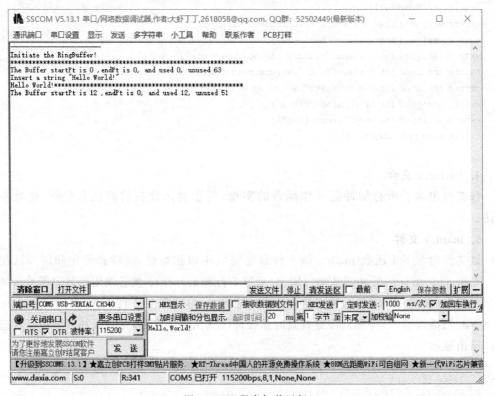

图 14.11 程序加载运行

按一次按键就会读出一个字符,缓冲区的状态会发生一次变化,如图 14.12 所示。

6. stm32f4xx_it.c 文件

该文件要在串口的中断服务例程中加入对缓冲区的操作,可在实验 10 的 stm32f4xx_it.c 文件基础上修改。本实验借助串口向循环缓冲区中写入字符数据。

实验14　综合实验：最小系统的实验

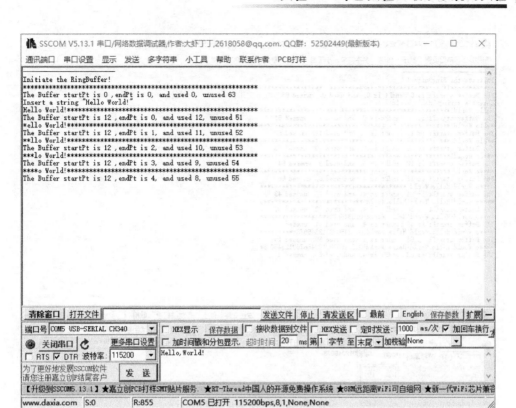

图 14.12　缓冲区状态变化

```
void USARTx_IRQHandler(void)
{
    if(USART_GetITStatus(USARTx, USART_IT_RXNE) != RESET)
    {
        ch = USART_ReceiveData(USARTx) & 0x7F;
        if(ch == '\r') printBuf();
        else if(ch == '\n');
        else writeBufChar(ch);
    }
}
```

　　串口中断服务程序每收到一个有效字符，调用缓冲区写入函数 writeBufChar() 插入缓冲区，当收到回车换行符"\r"时调用缓冲区输出函数将缓冲区当前状态从串口输出显示。由串口写入数据后可以看到如图 14.13 所示的变化。注意，要回显查看结果，一定要加换行符。

　　如此，可以在 PC 端串口调试助手上动态查看缓冲区的状态。缓冲区写入由串口控制，可以写入任意有效字符，可以动态查看字符写入后的缓冲区状态；缓冲区读出由按键控制，每单击一次按键，模拟一次数据读出，并输出缓冲区最新状态。这样就可以形象地观察到环形缓冲区的读、写工作过程。

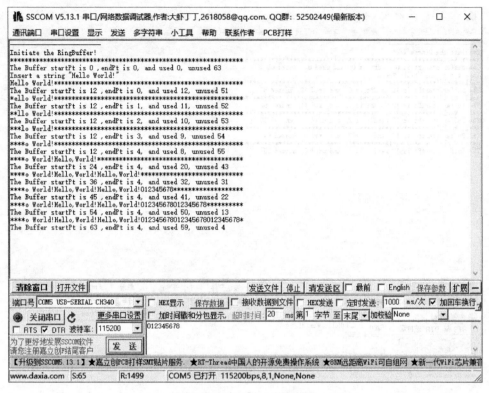

图 14.13　串口写入数据变化

14.6.3　创建工程

1. 创建新工程

将工程模板 template 复制一份到工程目录下，并修改该文件夹的名字，这里改为 ex14_RingBufer。启动 Keil μVision5，选择 Project→New μVision Project 会弹出一个文件选项，将新建的工程文件保存在 \Project 文件夹下，并取名，这里取名为 RingBufer，单击"保存"按钮。

2. 创建文件

1) buffer.c 和 buffer.h 文件

在 USR 文件夹下创建一个文件夹 buffer，并在此文件夹下创建文件 buffer.c 和 buffer.h。

2) 修改 main.c 文件

在 USR 文件夹中有 main.c 文件，但要修改其代码，其中函数 void TimingDelay_Decrement(void) 的定义不用修改。

3) 修改 stm32f4xx_it.c

在该文件中添加中断服务例程 USARTx_IRQHandler(void)。

4) usart.c、usart.h、key.c 和 key.h

这 4 个文件需要从实验 6 和实验 10 复制到 USR 文件夹下。

3. 添加文件到工程

添加的方法与添加的文件除了 USR 组以外,其余的不变,此处不再赘述。

单击 USR 组,单击 Add Files 添加文件,添加文件夹 USR 中的两个. c 文件,以及 USR\usart、USR\key、USR\buffer 中的. c 文件。

4. 配置参数

配置参数的方法,与实验 4 完全一样,可以参照实验 4 进行配置,注意包含路径需要根据本实验进行设置。

5. 运行

(1) 在 PC 上打开串口调试助手,这里用的是 SSCOM 串口调试助手。选择合适的 COM 口,将波特率设置成串口 1 程序初始化的那个波特率参数(即 115 200bps)。

(2) 单击 按钮编译代码。成功后,单击 按钮下载程序到开发板。程序下载后,在 Build Output 选项卡如果出现 Application running…,则表示程序下载成功。

(3) 下载成功后程序会自动运行,由 PC 上的串口调试助手会看到缓冲区初始化信息。

(4) 串口助手发送字符,模拟环形缓冲区写入字符。

(5) 单击按键,模拟环形缓冲区读出字符。

14.7 实验参考程序

这里给出了 buffer. h 和 buffer. c 的源代码。

1. buffer. h

```
#include "stm32f4xx.h"
#include <stdio.h>

#define BUF_SIZE         64

extern void initBuf(void);
extern int isBufEmpty(void);
extern int isBufFull(void);
extern unsigned char writeBufChar(unsigned char ch);
extern unsigned char readBufChar(void);
extern unsigned int writeBufString(unsigned char * str);
extern unsigned int writeBufMultiChar(unsigned char * buf, unsigned int num);
extern unsigned int readBufMultiChar(unsigned char * buf, unsigned int num);
extern unsigned int blankBufSpace(void);
extern unsigned int usedSBufpace(void);
extern void printBuf(void);
```

2. buffer. c

```
#include "./buffer/buffer.h"

unsigned char ringBuffer[BUF_SIZE];
```

```c
unsigned int startPt;
unsigned int endPt;

void initBuf(void)
{
    unsigned char * sp = ringBuffer;
    unsigned int n = BUF_SIZE;
    while(n--) * sp++ = '\0';
    startPt = endPt = 0;
}

int isBufEmpty(void)
{
if(startPt == endPt)
    return 1;
else
    return 0;
}

int isBufFull(void)
{
if((startPt + 1) % BUF_SIZE == endPt)
    return 1;
else
    return 0;
}

unsigned char writeBufChar(unsigned char ch )
{
    if(ch == '\0')
        return 0;
    if(isBufFull())
        return 0;
    else
    {
        ringBuffer[startPt] = ch;
        startPt = (startPt + 1) % BUF_SIZE;
        return ch;
    }
}
unsigned int writeBufString(unsigned char * str)
{
for(; * str!= '\0' ; str++)
    writeBufChar( * str);
return 0;
}

unsigned char readBufChar(void)
{
```

```c
    unsigned char ch;

    if(isBufEmpty())
        return 0;
    else
    {
        ch = ringBuffer[endPt];
        endPt = (endPt + 1) % BUF_SIZE;
        return ch;
    }
}

unsigned int blankBufSpace(void)
{
    return (endPt + BUF_SIZE - startPt - 1) % BUF_SIZE ;
}


unsigned int usedBufSpace(void)
{
    return (startPt + BUF_SIZE - endPt) % BUF_SIZE ;
}

void printBuf(void)
{
    int i;
    char ch;

    if(startPt >= endPt)
    {
        for(i = 0; i < BUF_SIZE; i++)
        {
            if((i >= endPt) && (i < startPt))
                ch = ringBuffer[i];
            else
                ch = '*';
            printf("%c",ch);
        }

    }
    else
    {
        for(i = 0; i < BUF_SIZE; i++)
        {
            if((i >= endPt) || (i < startPt))
                ch = ringBuffer[i];
            else
                ch = '*';
            printf("%c",ch);
        }
    }
```

```
        printf("\r\n");
        printf("The Buffer startPt is %d,endPt is %d, and used %d, unused %d \r\n", startPt,
    endPt, usedBufSpace(),  blankBufSpace());
    }
```

14.8 实验总结

本实验模拟了一个内存环形缓冲区的工作过程。缓冲区简化为字符数组,写入指针、读出指针由两个变量实现。整个实验完成了缓冲区初始化、数据写入、数据读出、缓冲区空判断、缓冲区满判断,并将环形缓冲区动态变化的过程通过串口输出显示,可以直观地看到其工作过程。

14.9 思考题

(1) 本实验只是模拟了环形缓冲区的工作过程,想想这样的数据结构可以用在怎样的实际应用中。

(2) 在其他一些应用中,缓冲区也可以按固定大小的内存块为单位进行组织。试着将本实验实现的字节形式的环形缓冲区改造成内存块环形缓冲区。

附录 A ARM Cortex-M4 主要指令列表
appendix A

ARM Cortex-M4 支持的指令在表 A.1~表 A.8 中列出。

表 A.1　16 位数据操作指令

指令	功 能
ADC	带进位加法
ADD	加法
AND	按位与。这里的按位与和 C 语言的"&"功能相同
ASR	算术右移
BIC	按位清零(将一个数跟另一个无符号数的反码按位与)
CMN	负向比较(将一个数跟另一个数据的二进制补码相比较)
CMP	比较(比较两个数并且更新标志)
CPY	把一个寄存器的值复制到另一个寄存器中
EOR	按位异或
LSL	逻辑左移(若无其他说明,则所有移位操作都可以一次移动多位)
LSR	逻辑右移
MOV	寄存器加载数据,既能用于寄存器间的传输,也能用于加载立即数
MUL	乘法
MVN	加载一个数的 NOT 值(取到逻辑反的值)
NEG	取二进制补码
ORR	按位或
ROR	循环右移
SBC	带借位的减法
SUB	减法
TST	测试(执行按位与操作,并且根据结果更新 Z)
REV	在一个 32 位寄存器中反转字节序
REVH	将一个 32 位寄存器分成两个 16 位数,在每个 16 位数中反转字节序
REVSH	将一个 32 位寄存器的低 16 位半字进行字节反转,然后带符号扩展到 32 位
SXTB	带符号扩展一个字节到 32 位
SXTH	带符号扩展一个半字到 32 位
UXTB	无符号扩展一个字节到 32 位
UXTH	无符号扩展一个半字到 32 位

表 A.2 16 位转移指令

指令	功能
B	无条件转移
B<cond>	条件转移
BL	转移并链接。用于调用一个子程序,返回地址被存储在 LR 中
BLX	使用立即数的转移并链接
CBZ	比较,如果结果为 0 就转移(只能跳到后面的指令)
CBNZ	比较,如果结果非 0 就转移(只能跳到后面的指令)
IT	If-Then

表 A.3 16 位存储器数据传送指令

指令	功能
LDR	从存储器中加载字到一个寄存器中
LDRH	从存储器中加载半字到一个寄存器中
LDRB	从存储器中加载字节到一个寄存器中
LDRSH	从存储器中加载半字,再经过带符号扩展后存储一个寄存器中
LDRSB	从存储器中加载字节,再经过带符号扩展后存储一个寄存器中
STR	将一个寄存器按字存储到存储器中
STRH	将一个寄存器的低半字存储到存储器中
STRB	将一个寄存器的低字节存储到存储器中
LDMIA	加载多个字,并且在加载后自增基址寄存器
STMIA	存储多个字,并且在存储后自增基址寄存器
PUSH	压入多个寄存器到栈中
POP	从栈中弹出多个值到寄存器中

16 位数据传送指令没有任何新内容,因为它们是 Thumb 指令,在 V4T 时就已经固定下来了。

表 A.4 其他 16 位指令

指令	功能
SVC	系统服务调用
BKPT	断点指令。如果调试被使能,则进入调试状态(停机)。或者如果调试监视器异常被使能,则调用一个调试异常,否则调用一个 fault 异常
NOP	无操作
CPSIE	使能 PRIMASK(CPSIE i)/FAULTMASK(CPSIE f)——对相应的位清零
CPSID	除能 PRIMASK(CPSID i)/FAULTMASK(CPSID f)——对相应的位置位

表 A.5 32 位数据操作指令

指令	功能
ADC	带进位加法
ADD	加法
ADDW	宽加法(可以加 12 位立即数)

续表

指　　令	功　　能
AND	按位与
ASR	算术右移
BIC	位清零(把一个数按位取反后,与另一个数逻辑与)
BFC	位段清零
BFI	位段插入
CMN	负向比较(把一个数和另一个数的二进制补码比较,并更新标志位)
CMP	比较两个数并更新标志位
CLZ	计算前导零的数目
EOR	按位异或
LSL	逻辑左移
LSR	逻辑右移
MLA	乘加
MLS	乘减
MOVW	将16位立即数放到寄存器的底16位,高16位清零
MOV	加载16位立即数到寄存器(其实汇编器会产生MOVW)
MOVT	将16位立即数放到寄存器的高16位,低16位不受影响
MVN	移动一个数的补码
MUL	乘法
ORR	按位或
ORN	将源操作数按位取反后,再执行按位或
RBIT	位反转(把一个32位整数先用二进制表达,再旋转180度)
REV	对一个32位整数按字节反转
REVH/REV16	对一个32位整数的高低半字都执行字节反转
REVSH	对一个32位整数的低半字执行字节反转,再带符号扩展成32位数
ROR	循环右移
RRX	带进位的逻辑右移一格(最高位用C填充,且不影响C的值)
SFBX	从一个32位整数中提取任意的位段,并且带符号扩展成32位整数
SDIV	带符号除法
SMLAL	带符号长乘加(两个带符号的32位整数相乘得到64位的带符号积,再把积加到另一个带符号64位整数中)
SMULL	带符号长乘法(两个带符号的32位整数相乘得到64位的带符号积)
SSAT	带符号的饱和运算
SBC	带借位的减法
SUB	减法
SUBW	宽减法,可以减12位立即数
SXTB	字节带符号扩展到32位
TEQ	测试是否相等(对两个数执行异或,更新标志但不存储结果)
TST	测试(对两个数执行按位与,更新Z标志但不存储结果)
UBFX	无符号位段提取
UDIV	无符号除法
UMLAL	无符号长乘加(两个无符号的32位整数相乘得到64位的无符号积,再把积加到另一个无符号64位整数中)

续表

指 令	功 能
UMULL	无符号长乘法(两个无符号的 32 位整数相乘得到 64 位的无符号积)
USAT	无符号饱和操作(但是源操作数是带符号的)
UXTB	字节被无符号扩展到 32 位(高 24 位清零)
UXTH	半字被无符号扩展到 32 位(高 16 位清零)

表 A.6　32 位存储器数据传送指令

指 令	功 能
LDR	加载字到寄存器
LDRB	加载字节到寄存器
LDRH	加载半字到寄存器
LDRSH	加载半字到寄存器,再带符号扩展到 32 位
LDM	从一片连续的地址空间中加载多个字到若干寄存器
LDRD	从连续的地址空间加载双字(64 位整数)到两个寄存器
STR	存储寄存器中的字
STRB	存储寄存器中的低字节
STRH	存储寄存器中的低半字
STM	存储若干寄存器中的字到一片连续的地址空间中
STRD	存储两个寄存器组成的双字到连续的地址空间中
PUSH	把若干寄存器的值压入堆栈中
POP	从堆栈中弹出若干的寄存器的值

表 A.7　32 位转移指令

指 令	功 能
B	无条件转移
BL	转移并连接(调用子程序)
TBB	以字节为单位的查表转移。从一个字节数组中选一个 8 位前向跳转地址并转移
TBH	以半字为单位的查表转移。从一个半字数组中选一个 16 位前向跳转的地址并转移

表 A.8　其他 32 位指令

指 令	功 能
LDREX	加载字到寄存器,并且在内核中标明一段地址进入了互斥访问状态
LDREXH	加载半字到寄存器,并且在内核中标明一段地址进入了互斥访问状态
LDREXB	加载字节到寄存器,并且在内核中标明一段地址进入了互斥访问状态
STREX	检查将要写入的地址是否已进入了互斥访问状态,如果是则存储寄存器的字
STREXH	检查将要写入的地址是否已进入了互斥访问状态,如果是则存储寄存器的半字
STREXB	检查将要写入的地址是否已进入了互斥访问状态,如果是则存储寄存器的字节

续表

指　　令	功　　能
CLREX	在本地清除互斥访问状态的标记（先前由 LDREX/LDREXH/LDREXB 做的标记）
MRS	加载特殊功能寄存器的值到通用寄存器
MSR	存储通用寄存器的值到特殊功能寄存器
NOP	无操作
SEV	发送事件
WFE	休眠并且在发生事件时被唤醒
WFI	休眠并且在发生中断时被唤醒
ISB	指令同步隔离（与流水线和 MPU 等有关）
DSB	数据同步隔离（与流水线、MPU 和 Cache 等有关）
DMB	数据存储隔离（与流水线、MPU 和 Cache 等有关）

附录 B 硬件连接图

appendix B

硬件连接图如图 B.1～图 B.8 所示。

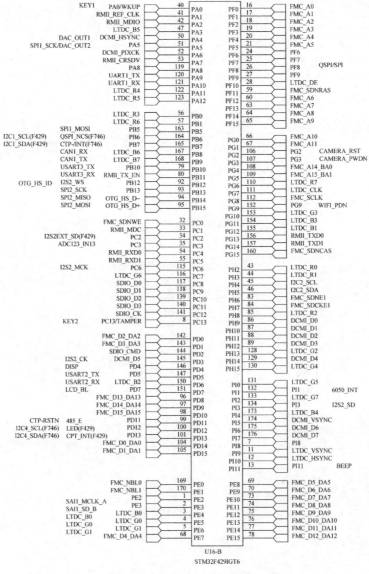

图 B.1　STM32F429IGT6 引脚功能图

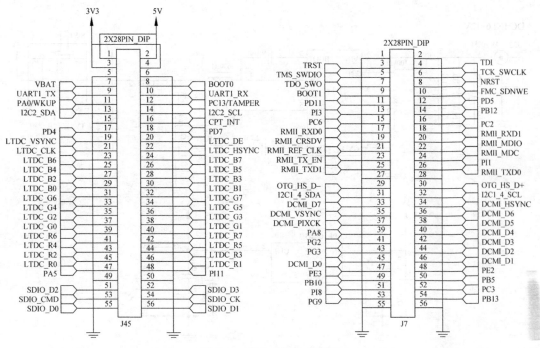

图 B.2　核心板排针分布图

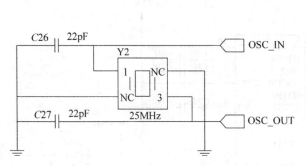

图 B.3　25MHz 晶振电路图

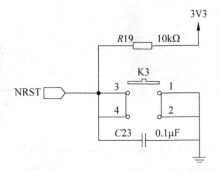

图 B.4　复位电路图

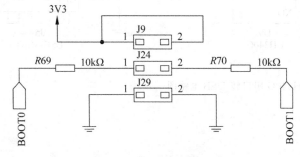

图 B.5　启动选择电路图

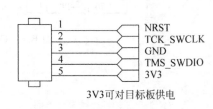

3V3可对目标板供电

图 B.6　SWD 下载线接口电路图

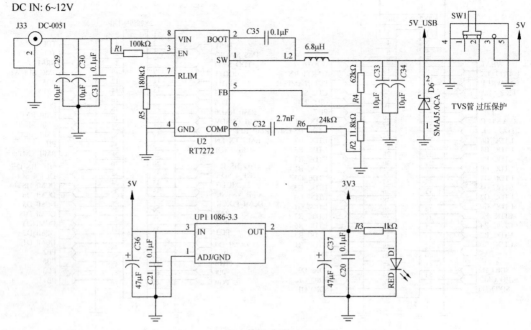

图 B.7 电源供电电路图

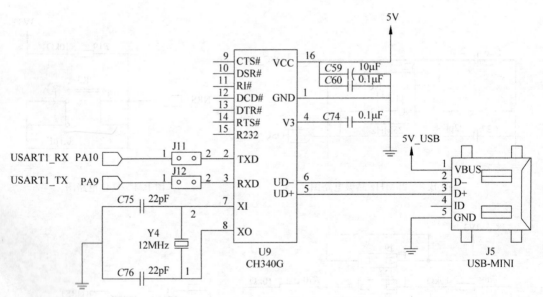

图 B.8 CH340G 串口转 USB 电路图